왜 아이에게 그런 말을 했을까

• 아이를 서울대에 보내고 나서 뒤늦게 시작한 부모 반성 수업 •

왜 아이에게
그런 말을 했을까

정재영 지음

whale books

더 늦기 전에, 가족의 진짜 행복을 위하여

　저희 애는 2017년 말, 서울대학교 자연계열에 합격했습니다. 운이 좋았습니다. 성적이 뛰어났음에도 운이 없어서 불합격한 학생들을 주변에서 많이 봤습니다. 물론 저희 아이의 노력을 무시하는 것은 아닙니다. 영재나 수재들이 즐비한 자율형 사립고등학교에 다니면서 고군분투한 끝에 성과를 이루었습니다. 부모로서 기뻤습니다. 해피 엔드 같았습니다. 주변에서도 아이를 좋은 대학에 보냈으니 행복하겠다며 축하해줬습니다. 그런데 이상한 게 있었습니다.

　아이와의 관계가 회복되지 않았습니다. 아이의 사춘기가 시작되기 전인 초등학교 5학년 때까지만 해도 저희 가족은 화목하고 다정했습니다. 그러나 중학교와 고등학교를 거치며 갈등이 생겼습니다. 대학에만 합격하면 초등학교 때처럼은 아니더라도 돈독한 관계로 회복될 것이라고 막연히 기대했는데 아니었습니다. 부모도 아이도 모두 입시 스트레스에서 해방되었지만 관계는 여전히 나빴습니다. 아이는 엄마와의 대화를 계속 기피했습니다. 아빠 곁에서는 항상 긴장과 반항의 태도를 유지했습니다. 아이가 먼저 말을 거는 법도 없었습니다. 그래서 코앞에 있는 아이의 근황을 아이 친구의 엄마를 통해서 들어야 했습니다. 그 친구는 엄마에게 거의 모든 걸 이야기해 주는 귀여운 수다쟁이 캐릭터였으므로 얻어 듣는 정보량이 풍부했습니다.

부모와 자식의 불화가 사람이 겪을 수 있는 가장 큰 불행 중 하나일 겁니다. 대학교 입학 후 몇 개월이 지났지만 저희 가족의 불행은 계속되었습니다. 우리 부부는 '도대체 왜 그럴까'를 고민하며 과거를 돌이켜봤습니다. 아이를 기르면서 숱하게 읽었던 자녀교육 서적과 인터넷 정보를 다시 찾아봤습니다. 결국 과거에 줬던 상처가 원인이라는 결론에 도달했습니다. 그리고 그 상처는 주로 부모의 어리석은 말 때문에 생겼다는 것도 알게 되었죠.

부모의 말 때문에 생긴 상처는 쉽게 낫지 않습니다. 왜냐하면 부모의 말은 자녀의 마음에 새겨지고 심지어 정신의 일부가 되기도 하기 때문입니다. 마음이나 정신을 바꾸는 게 보통 어려운 일이 아닙니다. 특히 말 때문에 입은 마음의 상처는 치유가 어렵습니다. 그래서 아이가 대학교에 입학하고도 저희 가족의 불화가 끊나지 않은 것입니다. 이 불행이 곧 해소될 거라고 자신할 수 없습니다. 어쩌면 10년 넘게, 아니 평생 지속될지도 모를 일입니다.

주변의 친구나 친척을 봐도 부모들이 말실수를 많이 합니다. 만나기만 하면 자식 이야기를 몇 시간이나 계속하는 동네 엄마 아빠들도 사정은 비슷합니다. 그들도 사랑하는 자녀와 평생 소원하게 지낼 위험에 처해 있습니다.

저희 부부는 아이에게 상처를 줬던 말들을 하나하나 상기해 이 책에 공개하기로 마음먹었습니다. 세상의 부모들에게 도움을 드리고 싶은 마음도 있었습니다. 그러나 이 책은 우선 저희 부부를 위한 책입니다. 인생의 가장 행복하면서도 쓰라렸던 시절을 돌아보며 정리하고 싶었습니다.

이 책은 실질적으로는 부부의 공동 작업입니다. 실제로 아이와 부대끼고 갈등하며 소통했던 수많은 이야기를 모으고 함께 써나갔습니다.

자녀를 최고의 대학에 보냈다고 자랑하는 부모가 있습니다. 하지만 뽐내는 목소리가 높다고 행복한 건 아닙니다. 부모와 자식이 사랑하고 교감하는 행복이 일류대 합격보다 훨씬 어렵고 값진 것입니다. 또 가정에서 주고받은 상처가 자녀의 일류대 진학으로 치유되지도 못합니다. 이 책에 실린 타산지석의 실패담이 진정한 행복에 이르는 데 도움이 되길 바랍니다.

CONTENTS

CHAPTER 6
아이의 외모 고민을 악화시켰습니다

CHAPTER 7
나도 모르게 모욕하고 말았습니다

CHAPTER 8
때리고 야단친 게 제일 미안합니다

CHAPTER 9
사랑 주는 방법을 몰랐습니다

CHAPTER 10
아이의 자존감을 해친 것 같습니다

CHAPTER 11
아이가 외계인인 걸 미처 몰랐습니다

CHAPTER 12
아이가 도와달라는데 냉정히 밀어냈습니다

CHAPTER 13
아이 마음에 돌덩이를 얹어야 안심이었습니다

CHAPTER 1

아이에게 자기 사랑을
가르치지 않았습니다

아이를 여러 학원에 오랫동안 보냈습니다. 세상을 잘 이해하는 법을 알려주고 싶었습니다. 성공하는 방법도 말해주고 싶었습니다. 고급 지식도 전해주려 많이 노력했습니다.

그런데 중요한 한 가지를 빠트렸습니다. 자신을 긍정하고 사랑해야 한다고 강조하지 않았고, 그 방법을 말해줄 생각도 못 했습니다. 뒤돌아보면 부지불식(不知不識)간이었으나 저는 아이에게 눈치껏 행동하고, 남에게 양보하고 남 보기에 예뻐 보여야 한다고 가르쳤습니다. 사회에서 남들과 어울려 살아가기 위해서는 그렇게 하는 것이 생존에 유리하다고 판단했기 때문입니다.

저는 아이에게 자신을 존중하고 사랑하는 법을 가르친 적이 거의 없다시피 합니다. 오히려 자기 사랑을 방해했던 것 같습니다.

존재감을 사라지게 하는 말
"친구는 너무 너무 소중해"

친구보다 자신을 지킬 수 있도록 도와주세요

내 아이가 친구에게 소외당하고 있다면 뭐라고 말해줘야 할까요? 또 일탈 행위를 하는 친구들과 어울리면 어떤 말을 해야 좋을까요? 친구도 중요하지만 너 자신도 소중하다고 일러줘야 할 것 같습니다. 저는 항상 친구가 소중한 존재라고 아이에게 말했습니다. 특히 성장기 아이에게 친구는 보호자 역할까지 합니다. 때로는 나를 슬픔과 절망의 늪에서 건져 올려주는 게 친구입니다. 그래서 제 아이에게 자주 당부했습니다.

"친구에게 잘 해줘라. 친구는 아주 소중해."

지당한 말입니다. 부정할 사람은 많지 않습니다. 그런데 친구를 무한 긍정할 수 없는 곤란한 상황도 벌어집니다. 내 아이가 친구들에게 '배신'을 당할 때 그렇습니다.

아이가 초등학교 고학년 때 파자마 파티가 유행했습니다. 그 나이대 아이들이 파자마 파티를 좋아하는 건 해방감 때문일 겁니다. 조그마한 방 안에서일지라도 밤새도록 자기들끼리 마음껏 떠들 수 있으니 그보다 더 강렬한 해방은 없겠죠. 제 아이는 주말에 친구 집에서 파자마 파티를 할 거라며 신이 났는데 정작 주말이 되자 시무룩해졌습니다. 초대를 받지 못한 것입니다. 친구가 분명 자신을 초대할 거라고 예상했는데 제 아이는 집에 있어야 했습니다. 낙담한 아이에게 제가 뭐라고 이야기했어야 할까요?

"친구가 잊어버렸겠지. 이해해라"는 어떨까요? 말도 안 됩니다. 기껏 대여섯 명을 초대하는데 깜빡 잊고 누굴 빠트린다는 건 납득이 가지 않습니다. "다음에는 초대해줄 거야"라고도 할 수 있겠죠. 그 역시 엉터리 말입니다. 이번에 제외되었으니 다음에도 제외될 가능성이 높습니다. "너도 걔 초대하지 마"라고 하면 어떨까요? 이 역시 아이에게 보복을 가르치는 꼴입니다. 저는 무슨 말을 해야 할지 몰라 입을 닫았습니다. 아이는 아이대로 속상했는지 자기 방에서 문을 닫고 혼자 있었습니다. 그때 저는 이렇게 말했어야 합니다.

"친구는 소중해. 하지만 너 자신이 그보다 훨씬 소중하단다."
"친한 친구가 없어도 슬퍼 마. 넌 멋진 아이야. 친구가 곧 생길 거야."

그 말을 못 했습니다. '친구가 아주 소중하다'는 말을 수없이 반복했지만, '친구보다 네가 더 중요하다'는 말을 못 해줬습니다. 왜 그랬을까요? 그런 말을 했다가 외톨이가 되지는 않을까 두려웠던 것 같습니다. 외톨이 되는 게 무서워 나쁜 친구를 사귀는 아이들도 있습니다. 당시 아이의 학교에서는 우정을 내세운 갈취 행위가 종종 벌어졌습니다. 푼돈이나 학용품뿐만 아니라 겨울 패딩까지 받아 챙기는 아이들이 있었습니다. 줄 게 없는 아이들은 쉬는 시간에 빵이나 음료수를 사다 준다고 합니다. 그 대가는 친구 되기입니다. 상납받은 아이는 상납한 아이들과 친구가 되어 놀아주고 때로는 보호도 해준다고 했습니다. 아이들은 힘과 권력이 강한 친구를 곁에 두고 싶었던 것입니다. 그래서 아이들은 자신이 가진 것을 줬습니다. 이런 경우, 차라리 외톨이가 되는 게 낫지 않을까요? 그 아이들에게 누군가 이렇게 말해줬어야 합니다.

"너를 이용하고 괴롭히면 친구가 아니다."

친구나 우정을 어떤 경우라도 지켜내야 하는 건 아니죠. 때로는 친구가 나를 배신하며 이용하기도 합니다. 그러면 접어야죠. 그 친구를 버리고 다른 친구를 기다리면 됩니다. 친구보다는 자신이 더 중요하니까요. 자신이 첫 번째고, 친구는 두 번째입니다. 이렇게 생각할 수 있도록 도와야 아이가 더 행복하게 친구를 사귈 수 있을 거예요. 좋은 우정과 나쁜 우정을 분별할 수도 있을 거고요. 친구가 없어도 나는 행복하게 존재할 수 있다고 알려주세요. 그렇게 생각해야 구걸하지 않습니다. 비위를 맞추는 불편한 우정에서 벗어나 당당할 수 있어요.

그런데 저는 아이에게 그렇게 말하지 못했습니다. 그저 친구가 절대 중요하니 좋은 관계를 유지하기 위해 노력하라는 말만 주야장천 반복했습니다. 그런데 부모님들도 다 경험해봐서 알 거예요. 친구 관계를 억지로 유지하려고 애쓸수록 외로워진다는 것을요. 더구나 시대가 바뀌었습니다. 혼자만의 삶도 이제는 하나의 라이프 스타일로 인정받습니다. 농경 사회에서는 친구가 없는 것이 큰 결함이었지만 요즘 같은 인터넷 시대에는 방구석에서 홀로 자족할 수 있습니다. 그렇다고 해서 친구를 다 버리자는 게 아닙니다. 자녀의 친구가 많지 않아도 너무 걱정하지 말자는 것입니다.

아이가 중학교 2학년 때는 제가 좀 다른 입장이 되었습니다. 아이는 친구들과 PC방을 잠깐 다녀오겠다고 해놓고 어둑어둑해진 후에야 돌아왔는데 그때 몸에서 담배 냄새가 진동했습니다. 물어보니 제 아이가 담배를 피운 것은 아니었습니다. 단지 담배 연기가 자욱한 공간에 오래 있었던 겁니다. 제 아이는 흔히 말하는 '불량 청소년'과 어울렸습니다. 술을 마시거나 담배 피우기를 밥먹듯 하는 아이들이었습니다. 또 피곤하거나 비가 많이 오면 그 핑계로 학교를 결석하기 일쑤였고, 화가 나면 주먹다짐을 하기도 하는 아이들이었습니다. 저는 이러다가 큰일 나겠다 싶었습니다. 같이 어울리는 나쁜 친구들 때문에 내 아이까지 망가질까 두려웠습니다. 많이 고민하다가 제가 먼저 지극히 통속적인 말을 꺼냈습니다. "좀 좋은 친구를 사귀면 안 될까?" 말을 뱉고 나니 제가 생각해도 이상했습니다. 좋은 친구란 뭘까요? 공부를 안 하면 나쁜 친구일까요? 부모님이나 선생님 말씀을 잘 따르는 아이는 좋은 친구인가요? 그렇다면 내 아이는 좋은 친구일까요? 저는 아이의 절친한 친구들을, 어른인 제 기준대로 나쁜 친구로 낙인찍었으니 오만하게 월권을 저지른 셈입니다. 그럼 아이가 모범적이지 않은 친구들과 어울릴 때 해야 하는 말은 뭐였을까요? 지금 생각해보니 이렇게 말했어야 맞습니다.

"건강하지 않은 관계라면 정리하는 게 맞다."

친구도 중요하지만 가장 중요한 건 자기 자신이라는 일깨움, 아무리 소중한 우정일지라도 자기 정체성을 희생시키면서까지 관계를 지속할 필요는 없다는 원칙적인 당부, 그 정도면 충분했겠죠. 더 세세한 조언은 부모의 부당하고 지나친 참견이 되었을 거예요.

소중한 걸 빼앗는 말
"별것도 아닌데 네가 양보해"

정당한 이익을 지켜내는 법을 알려주세요

양보를 가르쳐야 아이의 사회성을 높일 수 있겠죠. 하지만 어른이 결정하면 양보가 아니라 박탈이 됩니다. 아이가 납득하고 원하는 양보여야 하는 것이죠. 저도 그렇고 주변 사람들도 비슷한데요. 아이에게 원치 않는 양보를 강요할 때가 있습니다. 가령 또래 아이들이 여럿 모여서 놀면 장난감이 부족합니다. 순서를 정해서 놀아도 가끔 다툼이 일어나기도 하죠. 갈등이 일어나면 부모는 자신의 아이에게 쉽게 말합니다.

"별것도 아닌데 네가 양보해라."

이런 말을 들은 아이는 섭섭해합니다. 토라지거나 때로는 울기도 합니다. 당연한 반응일 겁니다. 어른도 양보해야 하는 상황이 힘듭니다. '왜 나여야만 하는가' 싶어집니다.

친구 가족과 놀이공원에서 갔을 때가 기억나는데요. 아이가 초등학교 저학년일 때였습니다. 신나게 즐기다 보니 퇴장 시간이 코앞으로 닥쳐 빨리 그곳에서 나가야 했습니다. 마지막으로 놀이기구를 딱 한 번 탈 시간만 남았고, 좌석은 하나뿐이었습니다. 친구의 아이와 제 아이 중 한 명만 탈 수 있었습니다. 저는 친구의 아이를 태워야 한다고 생각했습니다. 그냥 그래야 할 것 같았습니다. 저는 지시하듯이 제 아이에게 양보하라고 말하고 나서 친구의 아이를 놀이기구에 태웠습니다. 끝나고 공원을 빠져나오는데 제 아이가 울기 시작하더군요. 아주 서럽게 눈물을 흘렸습니다. 그러고는 저를 향해 눈을 흘기며 항의했습니다.

"왜 아까 나더러 양보하라고 했어요?"
"양보할 수 있는 거 아냐?"
"난 양보가 싫어요."
"아니, 별것도 아닌 걸 갖고 왜 그러니? 양보해야 착한 어린이잖아."
"싫어. 미워. 엉엉~"

그때는 이해할 수 없었는데 생각해보니 놀이기구는 아이에게 별거 아닌 게 아니었습니다. 아이에게는 놀이기구를 타는 게 최고의 즐거움이었을 겁니다. 어른으로 치면 몇 년을 기다린 해외여행처럼 행복하고 좋은 일이죠. 그런데 그걸 별거 아니라고 일축했습니다. 게다가 이렇다 할 설득도 없이 제 아이에게 일방적으로 희생을 강요했습니다. 아이가 펑펑 운 것은 당연한 일이었습니다. 가장 좋은 것을 빼앗긴 아이는 서럽고 원통했을 것입니다. 또 막막했을 것 같습니다. 자신의 가장 큰 기쁨을 마음대로 앗아가는 무례한 부모가 원망스러웠을 거예요.

마흔 살씩이나 되었으면서도 저는 참 어리석었습니다. 아이가 왜 우는지, 그게 서러울 일인지 이해하지 못했습니다. 도리어 양보의 미덕도 모르고 떼쓰는 아이가 한심하게 생각되었습니다. 지금 생각하니 미안합니다. 깊이 후회할 수밖에 없습니다.

돌아보면 아이에게 습관적으로 양보를 강요했던 것 같습니다. 친구들 혹은 사촌 동생들과 함께 놀 때도 저는 아이에게 양보하라고 자주 말했습니다. 그때까지만 해도 저는 제 아이에게 양보를 지시한 게 잘한 일이라고 생각했던 것 같습니다. 하지만 이제는 생각이 바뀌었습니다. 양보를 강요하는 건 좋지 않다는 그 쉬운 사실을 오랜 시간이 지나고 나서야 깨달은 겁니다. 아이들이 모여 있다면 모두 공평하게 즐겨야 합니다. 다툼이 생긴 경우에는 어른이 공정하게 중재하고 그것도 안 되면 가위바위보 같은 걸로 순서를 정해 주는 것이 좋습니다. 그리고 아이에게 이렇게 말해야 합니다.

"네가 원할 때 양보해."

"원하지 않으면 양보하지 않아도 돼. 그래도 나쁜 아이가 아니야."

양보는 자신이 원할 때 하는 행동입니다. 남이 양보를 강요하는 것은 권리를 박탈하는 것입니다. 내 아이일지라도 아이에게 양보를 강요할 수 없습니다. 무작정 양보를 가르칠 게 아니라 공정한 규칙에 따라 자신의 정당한 이익을 지켜내야 한다고 알려줘야 맞습니다. 모든 이는 자기 이익에 충실할 권리가 있습니다. 자신을 사랑할 권리라고도 할 수 있죠. 그걸 나중에야 깨달았습니다.

아이는 자기 것에 대한 주장을 선명하게 표현하지 않습니다. "이건 내가 가질게", "다른 음식을 먹고 싶어", "내 생각대로 하자" 등 자신의 욕구를 표현하는 말을 똑부러지게 하지 않습니다. 대신 "너 좋을 대로 해", "아무거나" 등 양보의 말을 잘합니다. 이게 꼭 제 교육의 영향은 아닐 겁니다. 타고난 성격 때문도 있겠죠. 또 부모 이외의 복잡한 환경 요인들도 영향을 줬을 거고요. 그래도 제가 아이에게서 권리 주장의 기회를 빼앗은 게 문제였던 것은 아닐까 자책하게 되고 아이에게 미안해집니다.

배려와 양보는 인간이 갖춰야 할 덕목입니다. 그러나 마음에서 우러나오는 배려와 양보여야 합니다. 부모가 강요하면 아이는 큰 박탈감을 느낄 겁니다. 사실은 그보다 더 큰 문제가 있습니다. 아이는 정당한 이익마저 포기하는 습관이 들 수 있습니다. 욕심쟁이는 나쁘지만 양보쟁이도 좋지 않습니다. 양보만큼이나 중요한 게 있다고 아이에게 알려줘야 합니다. 정당한 내 것, 그리고 간절히 원하는 것은 포기할 이유가 없다고 말해주세요.

눈치 보게 만드는 말
"이러면 누가 널 좋아하겠니?"

자기다운 삶을 가르치세요

　세상의 많은 부모는 겁쟁이입니다. 아이 문제 앞에서는 용기를 잃게 됩니다. 저도 겁쟁이 부모입니다. 그래서 아이에게 못해준 말이 있습니다. 아이를 기르면서 입 밖에 꺼내지 못한 말 중 하나가 바로 '자기다움'입니다.

　"자기답게 살아라."

　"자기답게 살아야 진정 행복하다."

　자신의 본성과 꿈에 충실해야 한다는 말입니다. 아주 좋은 뜻이죠. 그런데 저는 이 말을 아이에게 해주지 않았습니다. 대신 반대말을 더 자주 했습니다.

　"남들이 널 어떻게 볼지 항상 생각해라."

　이 말을 왜 자주 했을까요? 두려웠기 때문입니다. 저는 제 아이가 사회로부터 '왕따' 당하는 게 두려웠습니다. 타인과 타협하지 않고 자신만의 가치를 추구하는 건 위험하다고 믿었던 겁니다. 저의 당부를 더 길게 표현하면 이렇습니다.

"너 자신의 가치를 너무 중요하게 생각하지 마라. 타인의 생각에 맞춰라. 사회의 기준을 존중해라."

자신에 대한 긍지를 포기하라는 말이 됩니다. 자기보다는 세상 사람의 가치를 떠받들라는 말입니다. 결코 이상적인 조언은 아니지요. 불행히도 한국의 많은 부모가 저와 비슷하게 생각하고 말하는 것 같습니다.

"이러면 누가 널 좋아하겠니?"

문제 행동을 하면 다른 사람들이 모두 싫어할 것이라는 뜻입니다. 그러면 아이는 무서운 상상을 하게 되겠죠. 친구들이 자기를 미워하는 상상 말입니다. 비슷한 효과를 내는 말은 많습니다.

"너 살 빼야 해. 사람들이 뭐라고 하는 줄 알아?"
"너 그런 짓 하지 마. 친구들이 알면 싫어할 거야."

살을 빼야만 타인으로부터 사랑받을 수 있다는 말입니다. 또 친구들이 좋아하도록 행동하라는 뜻입니다. 타인의 시선을 존중하라는 의도는 좋습니다. 더불어 사는 사회에서 남을 생각하지 않는다는 건 사회성이 없는 겁니다. 그렇지만 남의 시선이 내 삶의 기준이 될 수는 없습니다.

사실 남의 생각에 맞춰 산다는 건 불가능합니다. 왜냐하면 우리는 남의 생각을 알 수 없기 때문이지요. 다른 사람이 나를 어떻게 판단하는지 속을 들여다볼 수가 없습니다. 그리고 남의 생각에 맞춰 사는 건 피곤한 일입니다. 삶이 지옥 같아집니다. 내 생각대로 말하고 행동해야 편하지, 남이 기뻐하도록 언행을 꾸민다면 괴롭겠지요. 따라서 아이의 잘못을 지적할 때 남을 끌어들이는 건 좋지 않습니다. 남이 아니라 아이 본인의 생각을 중심으로 사고하게 가르치는 게 좋습니다. 아래처럼 표현을 바꾸면 어떨까요?

"이렇게 떼를 쓰면 사람들이 싫어해."
→ "이렇게 떼쓰는 건 좋을까, 나쁠까?"
"그러지 마. 친구들이 알면 뭐라고 하겠니?"
→ "네가 생각할 때 그 행동이 옳으니, 틀리니?"

타인의 생각에 연연하도록 만드는 말들은 더 많이 있습니다. 아이에게 옷을 입히면서 부모는 이렇게 말합니다.

"멋있고 예쁘게 보여야 해."

물론 다른 사람에게 멋있고 예쁘게 보이면 좋죠. 그런데 남이 나를 어떻게 볼지가 그렇게 중요할까요? 또, 남의 판단이 나의 기준이 되어서도 안 됩니다. 가장 중요한 것은 나 자신입니다. 따라서 아이들에게 이렇게 말해주는 게 옳지 않을까요?

"네가 생각할 때 멋있으면 괜찮아."
"사람들 생각도 중요하지만 네 생각이 가장 우선이야."

타인의 시선을 강박적으로 의식하는 건 카메라가 많은 방에서 지내는 것과 같습니다. 그래서 언제나 불안합니다. 주변 사람들의 평가를 멋대로 상상하고 SNS에 달린 댓글 하나 때문에 온종일 기분을 망칠 수도 있지요. 자녀가 타인의 시선에 갇히도록 교육해서는 안 될 것입니다.

부모로서 저는 모순적입니다. 아이를 남의 시선에 가두지 말아야 한다고 강조하면서도 속마음은 조금 다릅니다. 제 아이가 '자기답게'만 고집하면 곤란할 것 같습니다. 저는 제 아이가 타인의 생각에 휘둘리지 않기를 바라면서도, 속으로는 아이가 타인과 타협하고 연대하며 돈 벌고 편하게 살기를 소망합니다. 이 두 가지 모순적 바람을 절충할 수 있을까요? 타인의 시선을 많이 신경 쓰지 않고도 동시에 타인에게 충실할 수 있을까요? 가능할 것도 같습니다. 제가 아이에게 직접 말할 기회가 다시 주어진다면 아래처럼 허심탄회하게 조언하겠습니다.

"누가 뭐래도 너 자신을 소중하게 생각해야 한다. 너 자신의 가치를 믿고 욕망에 충실해야 한다. 다른 사람의 시선 속에 갇히면 숨 막혀 죽는다. 남과의 비교도 해롭다. 예를 들면 이웃의 재산 규모나 친구의 연봉에 주눅 들지 말길. 피곤하고 미련하다. 너 혼자 행복한 개인주의자로 살면 된단다. 그런데 먹고는 살아야 한다. 밥벌이는 혼자서 하는 게 아니니까. 직장 상사나 고객님의 눈치는 좀 살펴도 괜찮다. 하지만 그 이외의 시선과 간섭은 다 갖다 버리면 된다. 생계 유지에 필요한 최소 인원의 시선만 의식하며 살면 어떨까? 이게 엄마 아빠가 겨우 궁리해낸 현실적 조언이란다."

화살을 엉뚱한 곳으로 쏘는 말
"네가 노력을 안 해서 그런 거야"

아이의 죄책감을 덜어주세요

어떤 문제가 일어났을 때 책임을 오롯이 개인에게만 돌리는 것은 타당할까요? 많은 경우, 타당하지 않아요. 또 사회에 책임이 없다고 개인에게만 책임을 돌리며 나 몰라라 하면 더 나쁘지요. 그런데 대부분의 부모는 문제가 생기면 버릇처럼 아이에게 책임을 묻습니다. 저도 그렇습니다.

아이의 첫 시험 성적이 좋지 못해도 부모는 차분함을 유지하고 "노력하면 나아질 거다"라고 말할 수 있습니다. 그런데 두 번, 세 번 나쁜 성적표를 들고 오면 이번에는 화가 나고 묻고 싶어질 겁니다.

"이번에도 성적이 안 올랐어요."

"네가 노력을 안 해서 그렇지. 더욱 노력하렴."

아주 흔한 대화입니다. 아이에게 네가 나쁜 성적을 받은 것에는 노력하지 않은 책임이 있다고 지적합니다. 이런 부모의 말은 언뜻 보기엔 전혀 문제가 없는 것 같습니다. 그런데 아이는 기분이 나쁠 수 있어요. 역지사지로 입장을 바꿔보면 쉽게 이해할 수 있지요.

"아들아. 아빠가 오늘 회사에서 해고되었다."

"아빠가 노력이 부족해서 그렇게 됐겠죠."

이처럼 '네가 노력을 안 해서 그렇게 되었다'라는 말은 잔인합니다. 비극의 모든 책임을, 비극을 당한 사람에게 떠넘기는 말이기 때문이지요. 결과가 안 좋아 이미 낙심한 사람에게 네가 자초한 것이라고 쏘아붙이는 격입니다. 그런데 우리는 그런 말을 자주 합니다. 특히 내 아이에게 더욱 말입니다. 다 사랑하기 때문이라고 부모들은 변명할 거예요. 아이가 더 잘되기를 바라며 어쩔 수 없이 채찍질하는 것이라고 해명할 수도 있죠. 물론 완전한 거짓말은 아닐 겁니다. 하지만 아이의 발전을 위해서라면 상처를 주어도 되는지 따져봐야겠지요. 그런 게 정당하다면 올림픽 메달을 획득하라며 어린 선수들에게 폭언을 하는 것도 옳은 게 되어버립니다. 말도 안 되지요.

'네가 노력을 안 해서 그렇게 됐다'는 말이 엉터리인 이유는 또 있습니다. 실패를 전적으로 개인의 잘못으로 돌려버리기 때문입니다. 실패에는 개인의 노력 말고도 다른 많은 요인이 영향을 끼치기에 비논리적입니다. 예를 들어 한 가정의 경제적 상황을 가정해보겠습니다.

① 음식점을 운영하는데 부근에 프랜차이즈 업체들이 대거 입점했다.

② 농사를 지었는데 홍수와 가뭄이 닥쳐버렸다.

③ 주식을 샀는데 몇 년 후 가격이 추락했다.

모두 실패 사례입니다. 이 모든 것이 과연 개인의 노력이 부족한 탓일까요? 노력의 가치를 절대 숭배하는 우리나라 사람들은 그렇다고 말하겠지요. 더 맛있는 메뉴를 개발했어야 했고, 미래의 홍수, 가뭄을 예측하고 대비했어야 했다고 지적할 거예요. 그리고 열심히 연구해서 가격이 뛸 주식을 샀어야 했다고 타박하겠지요. 그런데 과연 사회 제도에는 문제가 없을까요? 프랜차이즈 업체가 극심한 경쟁을 하도록 방치하는 제도가 더 나쁠 수 있어요. 홍수와 가뭄은 개인이 아니라 국가적 차원에서 대비할 수밖에 없고요. 그리고 주식의 미래 가격을 맞히는 건 개인 능력 밖의 일이고 국가의 경제 정책이 큰 영향을 주지요.

어떤 일이 성공했다면 개인과 공동체 모두에게 공이 있듯, 어떤 일이 실패했다면 개인과 공동체 모두에게 책임이 있습니다. 따라서 개인에게만 책임을 물을 것이 아니라 사회에도 원인이 있다는 것입니다.

자, 이제 다시 실패를 맛본 자녀에게 어떻게 말해야 할까요?

a. "핑계 대지 마. 다 네 잘못이야. 네가 노력을 안 해서 이렇게 된 거야."

b. "더 열심히 했어야지. 그런데 상황도 안 좋았다. 다시 도전해보자."

어느 게 나을까요? a는 개인의 잘못이 실패의 전적인 원인이라고 질책합니다. 하지만 b는 다릅니다. 개인의 책임은 물론 환경도 안 좋았다고 지적합니다. 이렇게 말하면 개인이 느슨해지고, 다음에 또 실패할 가능성이 커질까요? 반대로 a처럼 개인을 맹비난하면 성공 가능성이 올라갈까요?

저는 잘못을 했을 때 a처럼 개인에게만 책임을 돌리는 소리를 듣고 자랐습니다. 그리고 똑같은 방식으로 저의 아이를 질책했습니다. 그런데 지금 생각해보니 b가 낫습니다. 사실에 부합하고 공정합니다. a는 비논리적일 뿐 아니라 아이에게만 모든 잘못을 돌리고 아이의 자존감을 해치는 말이어서 싫습니다. 이제라면 저는 b를 선택하겠습니다.

부모는 알 겁니다. 인생 곳곳에는 실패와 좌절이 지뢰처럼 깔려 있다는 것을요. 밟으면 터지고 상처를 입어요. 따라서 다친 사람에게는 공정한 평가가 필요합니다. 개인의 잘못과 세상의 잘못이 합쳐져서 불운을 만든다고 해야 공정합니다. 특히 우리 사회는 문제를 개인의 탓으로만 돌리는 문화가 팽배합니다. 아이들에게 잘못을 다 뒤집어씌우고 아이의 노력이 부족하다고만 야단칩니다. 하지만 아이에게 공정한 시각을 심어줘야 한다고 저는 생각합니다. 아이가 겪는 좌절이 100% 아이 본인의 잘못 때문만은 아니라고 위로해줘야 합니다. 세상에도 책임이 있다고 알려주는 것이죠. 부모가 아이의 죄책감을 덜어줄 때, 아이가 자신을 긍정할 수 있으며 좀 더 행복해질 수 있을 것입니다.

마음의 벽을 만드는 말
"도대체 뭐가 부족해?"

물질적 부양의 책임 외에도
부모의 역할은 있어요

부모의 마음은 모순적입니다. 자신이 부모로서 부족하다면서 자책하다가도 돌연 억울하다는 생각이 치밀기도 하지요. 예를 들어 "우리 아이에게 더 좋은 걸 사줘야 하는데……"라며 한숨 쉬다가도 어떤 때는 화가 나서 이렇게 외치곤 합니다.

"도대체 뭐가 부족해? 이해가 안 되네."

"말을 해봐. 대체 뭐가 부족하냐?"

부모로서 아이에게 충분히 해주고 있다는 주장이지요. 물질적인 부양의 책임을 다하고 있다는 말입니다. 맛있는 걸 입에 넣어주고 예쁜 옷도 입히고 좋은 책도 사준다는 거죠. 열이 더 뻗치면 부모는 이런 말도 합니다.

"우리는 할 수 있는 모든 걸 너에게 해주고 있어."

때론 굴욕을 참아가면서 고생고생하며 돈을 벌고 있고, 그 생명 같은 돈을 소비하지 않고 내 아이를 위해 양보한다는 의미입니다. 할 수 있는 모든 걸 해주고 있으니 알아달라는 호소인 거죠. 자녀를 제압하는 데 아주 효과적인 말입니다. 이런 말은 자녀를 움츠러들게 만듭니다. 부모가 모든 것을 희생한다는데 거기다 대고 불만을 말하면 나쁜 아이가 되어버리기 때문이죠. 아이는 입을 닫고 고개를 숙입니다. 유치하지만 부모는 거기서 작은 승리감을 맛볼 수 있지요. 그런데 '모든 것을 해준다'고 주장하는 부모는 나중에 후회할지도 모릅니다. 시간이 지난 후 자신이 아주 중요한 것을 놓치고 있었다는 사실을 깨닫게 될지도 모릅니다. 자녀가 무엇에 목마른지를 모르고 외치는 큰소리이기 때문입니다.

아이가 절실히 필요로 하는 것은 물질적 지원이 아닙니다. 아이들은 물론 용돈과 옷도 원하지만 정신적 행복도 갈구합니다. 밝고 안정된 마음을 말이지요. 자긍심과 자신감이 가슴에 충만한 아이들이 행복합니다.

모든 부모에게는 아이들을 행복하게 만들 힘이 있습니다. 가난하거나 부유하거나 하는 것이 문제가 되지 않습니다. 세상의 모든 부모는 자녀에게 정신적 행복을 선물할 능력자입니다. 아래 대화가 보여주는 것처럼 말이죠.

"엄마 아빠가 해준 게 뭔데?"

또 싸움이 붙었습니다. 딸은 마주칠 때마다 공부하라고 잔소리하는 부모가 미워서 공격했습니다. 하지만 부모는 언제나처럼 쉽게 지지 않았습니다.

"옷도 사주고 스마트폰도 바꿔주지 않았니?"

"다른 애들 부모님은 더 많이 해줘. 더 비싼 것 말이야."

"우리도 많이 해줬어."

"대체 뭘 해줬는데! 이 싸구려 옷하고 스마트폰 말하는 거야?"

"아냐."

"그럼 뭔데?"

"너를 현명하게 키웠지. 넌 매력적인 아이로 자랐어. 그게 엄마, 아빠가 가장 잘한 일이야."

"내가?"

딸은 말문이 막혔습니다. 자기가 그렇게 좋은 사람이라고 말해주니 엄마, 아빠를 더는 공격할 수 없었던 겁니다.

제 지인이 딸과 나눈 대화입니다. 딸은 왜 반항을 멈췄을까요? 바로 부모가 자신을 매력적인 아이라고 긍정했기 때문이지요. 부모의 찬사가 딸을 감동하게 했고, 그 감동 덕분에 중저가 스마트폰을 쓰는 서러움이 씻겨나갔습니다.

행복을 위해 무엇이 필요할까요? 당연히 좋은 상품과 풍요로운 먹거리, 질 좋은 옷을 사기 위해 돈도 꼭 필요합니다. 그런데 더욱

아이의 성격을 진심으로 칭찬하는 게 옳습니다.

필요한 게 있습니다. 바로 자기를 사랑하는 마음입니다. 자기 자신을 긍정하고 사랑하는 마음이 있어야 행복하지요. 반대로 자신을 긍정하지 못하면 다이아몬드가 박힌 휴대폰을 들고 다녀도 불행하게 되겠죠.

앞에서 언급했지만, 자녀를 행복하게 만들 능력을 모든 부모가 이미 갖추고 있습니다. 부자이거나 아니거나 현명하거나 아니거나 마음만 먹으면 누구나 할 수 있는 것. 바로 자녀를 칭찬하고 인정하기입니다. 문제는 그런 말을 하는 게 쉽지 않다는 데 있습니다. 찬사만 보내면 자녀가 느슨해지고 제멋대로 굴지 않을까 걱정도 됩니다. 그래서 마음과 다르게 야단을 치게 되지요. 아이를 부정적으로 평가하는 겁니다. 저도 지난날, 아이의 성적과 품행만 중시하면서 야단치고 비난했습니다. 반성해야 합니다. 아이의 인격을 진심으로 칭찬하는 게 옳습니다. 아이의 마음을 긍정해야 합니다. 그래야 아이가 자기 긍정과 자기 사랑을 키우며 행복하게 클 수 있습니다.

아이에게 자기 사랑을 가르치는 법

1 — 아이 자신이 소중하다고 말하기

친구도 소중하지만 나 자신은 더 소중하다고 알려주는 게 좋습니다. 가령 아이를 괴롭히거나 놀리는 친구가 있다면 틀렸다고 분명하게 말해줍니다.

2 — 남 신경은 조금만 쓰라고 말하기

모든 사람을 신경 쓰고 살 수는 없습니다. 다른 이의 생각을 존중해야 하지만 나의 판단이 더 중요하다고 말해줍니다. 예를 들어서 아이의 옷차림을 보고 누가 못되게 트집 잡아도 '너만 괜찮으면 괜찮다'라고 말해줍니다.

3 — 정당한 이익을 지켜내는 법을 알려주기

아이에게 일방적인 희생과 양보를 강요하지 마세요. 공정한 규칙 안에서 자기 것을 당당히 지켜내는 게 더 좋다고 말해줍니다. 가령 음식 메뉴를 정할 때는 한 번은 양보하고 다음에는 자기 뜻을 내세워도 된다고 알려주는 겁니다.

4 — 자책감을 덜어주기

모든 인간에게는 한계가 있습니다. 우리의 자녀도 평범한 인간이므로 한계가 있고 실수도 할 수밖에 없겠죠. 자녀가 잘못을 했거나 목표를 이루지 못해도 괜찮다고 말해줍니다. 자책감과 죄책감을 덜어줘야 아이는 행복할 거예요.

CHAPTER 2

아이의 절반만
사랑했습니다

아이를 다 기른 후 저 자신을 돌아보니 아주 낡은 사람입니다. 저는 이제껏 이성으로 감정을 통제할 수 있고 또 그래야 한다고 믿어왔습니다. 하지만 시대가 바뀌었습니다. 감정적인 것을 나쁘게 생각하던 시대에서 감성적인 것이 흠이 아닌 장점이 되는 시대로 말입니다. 낡은 세대였던 저는 그동안 감정을 좋은 감정과 나쁜 감정으로만 나눠 생각해왔습니다. 어두운 감정은 나쁜 감정이라 생각했고 내 아이 마음의 나쁜 감정은 더욱 좋지 않게 생각 해왔습니다.

낡은 저는 아이의 절반만 사랑해왔던 것 같습니다. 아이의 밝고 행복하고 따뜻한 마음은 사랑했으나 울고 화내고 짜증 내는 어두운 마음은 싫어했습니다. 그 어두운 마음까지도 보듬고 사랑해줘야 했는데 저도 모르게 미워하고 말았던 거죠. 저의 속내는 날카로운 말로 표현되어 어린아이의 가슴에 아프게 꽂혔습니다.

감정을 억제하는 말
"뭐가 부끄럽니? 씩씩하게 말해"

압박하지 말고 감정을 인정해주세요

씩씩하고 적극적인 아이는 대체로 부모의 사랑을 듬뿍 받습니다. 칭찬도 자주 듣죠. 반면 숫기 없는 아이는 부모의 칭찬을 충분히 받지 못합니다. 대신 성격을 고치라는 잔소리를 더 많이 듣습니다. 가령 아이가 낯선 친구들 앞에서 쭈뼛거리고 있으면 실망한 부모는 답답한 듯 말합니다.

"뭐가 부끄러워? 씩씩하게 말해."

"왜 수줍어해? 손 이리 줘. 악수해."

부모는 아이에 대한 불만을 감정적으로 드러내고 있습니다. 결국 아이의 현재 모습이 싫다는 말이고, 사랑하지 않는다는 의미입니다. 아이도 분명 알아차릴 겁니다.

저도 그렇게 자주 말했습니다. 부모는 왜 그런 말을 할까요? 걱정이 되어서 그렇습니다. 이렇게 숫기가 없어서야 사회생활을 제대로 할 수 있을까 걱정하는 거지요. 내 아이가 먼 훗날 카페 같은 데서 일하다가 반말하는 손님이나 급여를 떼어먹는 사장에게 자기주장을 적극적으로 할 수 있을까, 입도 못 뗄 것 아닌가 등등 별의별 걱정을 다 하게 되지요.

그런데 "부끄러워하지 마"는 심각한 문제가 있는 말입니다. 수줍은 감정을 당장 지우라는 지시인데 이는 어리석은 말이죠. 사람에게 임의적인 감정 삭제란 불가능하니까요. 부끄러움은 사랑의 감정처럼 본능적이어서 어찌할 수 없는 것입니다. 또한 그 말은 나쁩니다. 비난이기 때문입니다. 아이에게 '네 가슴속에 있는 부끄러운 감정은 나쁜 거야'라는 메시지가 될 수 있어요. 미국의 문화 잡지 〈베스트 라이프Best Life〉의 2018년 4월 기사를 보면 심리치료사 카렌 코에닉Karen Koenig은 이렇게 말했습니다.

"'그렇게 느끼면 안 돼'라는 말은 부모가 자녀에게 할 수 있는 최악의 말입니다."

아이의 감정이 '틀린 것'이라고 말하면 최악이라는 겁니다. 그건 아이의 감정을 무시하는 말이며 나아가 그 감정을 느낀 아이까지 비난하는 말이 되기 때문이죠.

다른 예를 더 들어보겠습니다. 부끄러움만큼이나 부모들이 싫어하는 게 아이의 두려움입니다. 아이가 무서워하는 것 같으면 부모님은 이렇게 말을 하곤 하지요.

"겁내지 마. 아무것도 아냐."
"무서워하지 마. 바보같이."

이 역시 해서는 안 되는 말입니다. 아이는 이미 무서워하고 있지요. 하지만 부모는 극구 부정합니다. 무서울 이유가 뭐 있냐며 무서울 이유가 존재하지 않는다고 우깁니다. 말이 안 됩니다. "너는 저 사람을 사랑할 이유가 없어"라는 말처럼 어이없는 소리죠. 그러면 아이가 부끄러워하거나 두려워할 때 어떻게 해야 할까요? 그 감정들을 인정해주면 됩니다.

"부끄러워? 괜찮아. 부끄러워해도 돼."
"무서워? 당연히 겁나지. 무서워해도 돼. 괜찮아."

부끄럽거나 무서워해도 된다고 허용하는 것입니다. 괜찮아질 때까지 충분히 부끄러워하고 무서워하라고 풀어주는 온화한 말입니다. 어떨까요? 효과가 있겠죠? 부정적인 감정을 부모가 인정해주면 아이가 스스로 극복할 힘을 기르게 된다는 심리학자들의 설명도 있습니다.

그런데 정작 저는 제 아이에게 한 번도 저렇게 말해준 적이 없습니다. 제 주변에서도 저런 말을 하는 이들을 찾아보기가 힘들어요. 이렇듯 우리는 부끄럽거나 두려워하는 아이의 감정을 존중해주지 못하지요. 마치 그런 감정들이 악성 병원균이라도 되는 듯 빠르게 없애야 한다고 생각할 뿐입니다. 저도 마찬가지였습니다. 후회스럽습니다. 만일 분노나 부끄러움을 느껴도 괜찮다고 말해줬더라면 아이는 훨씬 행복했을 겁니다. 또 부모가 자신의 일부가 아니라 전체를 온전히 사랑한다는 믿음도 가졌을 거고요. 그런 좋은 기회를 놓친 것이 안타깝습니다.

아래에는 아이의 수줍어하는 성격을 부작용 없이 완화시키는 데 도움이 될 팁을 드리겠습니다. 미국 육아 잡지 〈페이런츠parents. com〉에 소개된 기사 '수줍은 아이 도와주기Helping a Shy Child'를 보면 심리학자 워드 K. 스왈로Ward K. Swallow가 추천하는 방법입니다.

첫째, 미리 경험을 시킵니다. 생일 파티 장소, 도서관, 유치원 등 자녀가 부끄러워서 꺼리는 장소에 미리 가서 익숙해지게 돕습니다.

둘째, 수줍음을 적극적으로 표현하도록 권합니다. 아이의 말을 잘 들어줘야 하고 아이의 감정이 자연스러운 것이라고 긍정해야 합니다. "엄마도 그럴 때 수줍어"라고 말해주는 게 좋습니다.

셋째, 상황극과 역할 게임을 합니다. 아이가 힘들어하는 상황을 골라 가족과 함께 연극하듯이 재현해봅니다. 가령 친구들 앞에서

부정적인 감정을 부모가 인정해주면
아이가 스스로 극복할 힘을 기르게 됩니다.

말하고 노래하는 상황을 꾸며보는 것입니다.

넷째, 낙관적 생각을 하도록 도와줍니다. 부끄러움이 많은 아이는 친구들이 자신을 놀릴 거라고 생각합니다. 그럴 때 비관적인 생각을 하게 두는 대신 모두 좋아할 거라고 알려주면 됩니다. 아이가 이해할 나이라면 친구 100명 중 10명은 안 좋아해도 걱정하지 말라고 말해주는 것도 좋습니다.

아이가 새로운 경험을 많이 하고 친구들을 많이 만나다 보면 외향적인 성격으로 변할 수 있어요. 물론 아이의 성격을 반드시 바꿔야 하는 것은 아닙니다. 모든 성격은 나름의 장단점이 있어요. 수줍어하는 아이들이 예의가 바르고 생각이 깊습니다. 위험한 일을 피하기 때문에 다치거나 큰 실패를 경험할 확률도 낮지요. 그러므로 아이가 부끄러워하는 성격이라고 너무 걱정하지 말고 집이나 동네 놀이터 같은 '안전 공간'을 벗어날 기회를 주고 천천히 변화를 기다려주면 됩니다.

겁이 많은 아이들의 변화를 돕는 방법도 소개할게요. 어린이의 건강 증진을 위해 세운 미국의 비영리 단체 키즈헬스kidshealth가 추천하는 방법이 구체적이어서 유용할 것 같습니다. 먼저 아이들이 무서워하는 건 자연스러운 일이라는 걸 인지할 필요가 있습니다. 처음 보는 물건이나 사람, 혹은 크거나 시끄러운 것들을 보면 아이들은 무서워서 움츠리는 게 정상입니다.

또한 아이의 연령에 따라 두려움의 대상이 달라진다고 하네요.

10개월에서 24개월의 아이들은 '분리 불안'이 큽니다. 그 시기의 아이들은 엄마와 떨어지는 게 가장 큰 공포입니다. 이럴 땐 잠시 떨어졌다 나타나 안아주고 뽀뽀하는 훈련을 하면 좋습니다. 아이가 엄마와 분리되어도 곧 다시 만난다는 믿음을 갖게 만드는 것이죠. 4~6살 아이들은 '상상 공포'를 느낍니다. 예를 들어 침대 밑에 괴물이 있다고 정말 믿는 겁니다. 괴물이 아이에게는 현실인 셈이죠. 아이가 이렇게 무서워할 땐 부모가 침대 밑을 함께 살펴주고 아이가 방에서 혼자 자기 전에 함께 책을 읽고 대화하는 루틴을 만들면 좋습니다. 마지막으로 아이가 7살이 넘으면 실제 공포를 느낍니다. 예를 들어서 나쁜 사람, 자연재해, 교통사고, 부모의 죽음 등을 두려워하는 것이죠. 그러므로 아이가 두려워하면 실제로 그런 일이 일어나지 않는다고 차분히 설득해야 합니다. 아이의 두려운 감정은 아이로서는 아주 절실하며 당연히 존중받아야 하는 감정이라는 것을 절대 잊지 마시고요.

거짓 감정을 요구하는 말
"슬퍼도 참아라"

약한 감정도 껴안아주세요

우리 사회의 부모는 아이들에게 강하게 살아야 한다고 가르칩니다. 슬프고 힘들어도 약한 감정을 노출하지 말고 이를 악물고 버텨야 한다고 말이죠. 부모 본인들도 어릴 때 그렇게 배웠어요. 옛날 애니메이션 〈들장미 소녀 캔디〉의 주제가가 생각나네요.

외로워도 슬퍼도 나는 안 울어.

참고 참고 또 참지 울긴 왜 울어.

웃으면서 달려보자 푸른 들을.

푸른 하늘 바라보며 노래하자.

내 이름은 내 이름은 내 이름은 캔디.

나 혼자 있으면 어쩐지 쓸쓸해지지만

그럴 땐 얘기를 나누자 거울 속의 나하고.

웃어라 웃어라 웃어라 캔디야.

울면은 바보다 캔디 캔디야.

참 이상한 소녀입니다. 슬픈 일이 있으면 울어도 될 텐데 억지로 하하하하 웃으면서 들판을 달린답니다. 누가 보면 정신 건강을 걱정할 것 같습니다. 아마도 소녀는 슬프거나 외로울 때 울면 마음이 더 약해진다고 믿는 것 같습니다. 슬플 때 울면 불길에 기름 붓는 격이라고 생각한 거죠. 그래서 입을 틀어막아서라도 절대 울지 않겠다고 다짐합니다. 우리 사회의 많은 부모도 그렇게 배웠고, 배운 대로 자녀에게 알려줍니다.

"외로워도 울지 마. 우는 건 나약한 거야."

"무서워도 참아라. 강해야 한다."

"항상 웃어라. 마음이 슬퍼도."

슬픔, 두려움, 아픔 등을 표현하면 안 좋다고 배웠고 그렇게 가르칩니다. 왜 그럴까요? 아이가 약해질까 두려운 겁니다. 울거나 흔들리는 모습을 드러내면 약해 보이고, 약한 모습을 사회에서 보이면 치열한 경쟁에서 낙오하게 될 거라고 생각하는 거지요. 반대로 들장미 소녀처럼 힘들어도 참고 참고 또 참으면서 감정의 티를 내지 않으면 강해질 수 있다고 믿는 것입니다. 과연 그럴까요? 울음을 삼키고 불안과 두려움을 숨기면 더 강해지는 것일까요? 제 생각에는 아닙니다. 저는 오히려 반대로 말해줘야 아이가 더 강해진다고 생각합니다.

"외로우면 울어. 괜찮아."
"두려우면 그렇다고 말해. 부끄러워 마."
"항상 웃을 필요 없어. 슬프면 참지 않아도 돼."

두려우면 두렵다고 솔직하게 가족과 친구에게 이야기하는 게 좋습니다. 그래야 조언을 얻고 극복법을 찾을 것이고, 극복을 연습하다 보면 마음이 튼튼해질 테니까요. 슬픔이 밀려오면 펑펑 울어버리는 것이 좋습니다. 개운해지고 다시 힘이 나니까요. 그래야 다음번에 또 슬픔이 찾아왔을 때 더욱 잘 극복해낼 수 있겠지요. 감정을 표현해야 마음이 더 강해지게 됩니다. 반대로 강한 척하는 사람은 마음이 약해집니다. 두려움이나 슬픔 등의 감정은 숨길수록 기세등등해져서 마음을 잠식하게 되지요.

그런데 감정을 표현하는 것 외에 아이의 마음을 강하게 할 구체적인 방법이 없을까요? 미국의 심리학 격월간지 〈사이콜로지투데이psychologytoday.com〉에서 미국 심리학자 에이미 모린Amy Morin이 주장한 '아이의 마음을 강하게 할 세 가지 방법'에 대해 소개합니다. 먼저 낙관적인 태도를 심어줘야 아이의 마음이 강해진다고 하네요. 나쁜 일이 일어날 거라고 생각하면 두렵고 마음이 약해지기 마련입니다. 반대로 결과를 낙관하는 사람은 마음이 강합니다. 어둠 속에서 빛을 보듯이 난관 속에서도 성공 가능성을 주시한다면 강해지겠지요. 부모가 '괜찮다', '잘될 것이다'라고 자주 말해주면 아이는 낙관적 태도를 보이게 됩니다.

두 번째로 자녀 혼자 문제를 해결하도록 해야 합니다. 아이는 때론 실패를 해서 좌절감을 맛볼 것입니다. 반대로 성공해서 기뻐하는 경험도 갖게 될 겁니다. 이런 과정을 통해 아이는 자신의 능력을 깨닫고 점점 강해질 겁니다. 안타깝다고 부모가 나서서 도우면 아이가 스스로 강해질 기회를 빼앗는 것입니다.

세 번째 방법이 제가 앞서 이야기한 내용과 맥이 닿습니다. 자기 감정을 인정해버리면 정신이 강한 아이로 성장합니다. 슬픔, 두려움, 외로움, 불안 등 부정적 감정을 회피하지 말고 마주하는 게 좋습니다. 가령 내 마음속에 슬픔이 피어났다고 해볼까요? 슬픔을 모른 척하면서 웃으려 하면 안 됩니다. 슬프면 슬픔에 흠뻑 빠져 우는 것이 좋습니다. 슬펐다가 회복하는 과정을 반복하면 슬픔 관리 능력이 자랄 겁니다. 또 외로움을 느끼는 자신을 인정하고 해결 방법을 스스로 찾다 보면 외로운 마음을 컨트롤할 수 있게 될 겁니다. 부정적 감정을 인정하고 껴안는 자세야말로 정신을 강화하는 가장 좋은 방법입니다.

부모는 다 알고 있습니다. 한국 사회가 얼마나 거친지 경험을 통해 배우지요. 자녀가 약한 소리 말고 강해져야 이 험한 세상을 견딜 수 있다고 생각하는 건 자연스럽습니다. 그렇지만 그게 잘못된 육아 철학이라는 걸 저는 늦게 깨달았습니다.

외롭다, 슬프다, 힘들다 등의 말을 금지한다고 아이가 강해지는 게 아니더군요. 오히려 그 반대입니다. 외롭다거나 힘들다고 스스럼없이 말해야 더 튼튼한 마음이지요. 약점을 당당하게 공개하는 사람이 자유롭고 강한 것과 같습니다.

저도 아이를 강하게 기르고 싶었습니다. 아이가 튼튼한 정신을 갖고 삶의 고난을 거뜬히 헤쳐나가길 바랐던 겁니다.

"사내자식이 너무 약해빠졌어."

수십 년 전 아버지가 아들에게 했던 말이고, 그 아들이 아버지가 되어 아들에게 던지는 말입니다. 당연히 나쁜 말이지요. 의도와는 반대로 아이의 정신을 허약하게 만들기 때문입니다.

강한 척할수록 약하다는 걸 몰랐습니다. 강해지라고 내리누를수록 아이가 유약해진다는 걸 미처 알지 못했습니다. 약해져도 상관없고 약한 마음을 드러내도 괜찮다고 말해줘야 아이가 강해집니다. "슬퍼?", "힘들어?", "외로워?"라고 물으면서 아이의 연약한 마음을 따스히 껴안아야 한다는 걸 뒤늦게 알았습니다.

감정을 몰아붙이는 말
"감히 어디서 화를 내니?"

감정은 인정하고 행동은 금지해주세요

어른들에게는 이른바 '분노 특권 의식'이 있는 것 같습니다. 아이가 분노하면 혼내면서, 어른들 자신은 소리치고 광분해도 정당하다고 생각합니다. 가령 아이가 게임에만 몰두하면 부모는 방문을 박차고 들어와 컴퓨터를 집어 던집니다. 더 과격하게는 저항하는 아이의 뺨을 후려치기도 합니다. 이런 부모, 없을 것 같죠? 아마 희소하지 않을 거예요. 이럴 때 부모는 자신의 행동이 정당하다고 생각합니다. 그러나 폭력을 정당화하는 건 독재자 의식이죠. 이런 독재자가 저를 포함한 많은 부모의 마음속에 있지요. 저는 아래와 같은 경험을 했습니다.

"왜 그랬어?"

"애들이 나를 놀렸어요. 앞니가 토끼 같다며 웃었어요."

"그래서 책을 바닥에 집어 던지고 소리를 질렀니? 선생님도 계시는데."

"화가 나서 어쩔 수가 없었어요."

초등학교 고학년이 된 아들은 자주 분노를 터트렸습니다. 폭력을 행사하지는 않았지만 찡그리고 소리치며 물건을 던지기도 했습니다. 담임선생님은 평소에는 온순하다가 갑자기 화를 내는 아들이 걱정이라고 했습니다.

"네가 잘못했어. 물건을 던지고 소리지른 건 절대 용납할 수 없어!"

언성을 높이며 꾸짖었습니다.

"애들이 먼저 놀렸다니까요. 왜 내 잘못이에요? 왜?"

아이가 소리를 지르자 더욱 격분했습니다. 아이가 그랬던 것처럼 손에 잡히는 대로 물건을 던지고 소리칩니다.

"어디서 감히 화를 내니? 이놈의 자식아! 종아리 걷어!"

부모는 아이보다 더 크게 화를 내고 폭력까지 행사했습니다. 그런데 태도는 떳떳합니다. 자신의 분노 폭발은 정당하다는 거죠. 그러나 이런 상황은 교육적으로 매우 해롭습니다. 남이 잘못하면 자신도 잘못된 행동으로 갚아도 된다고 가르치는 것이나 다름없지요.

그럼 어떤 방법이 좋을까요? 미국의 육아 정보 사이트 베리 웰 패밀리www.verywellfamily.com가 '자녀의 분노 조절 교육 5원칙'을 제시했는데 그중 하나가 눈길을 끕니다. 분노를 자주 폭발하는 아이에게는 두 단계로 나눠 대응해야 좋다고 합니다. 먼저 화를 느끼는 것은 정상이라고 인정해줍니다. 그러나 화를 행동으로 표현하는 것은 절대 안 된다고 금지하는 것입니다. 즉, 감정은 인정해주고 행동은 금지하는 것이죠. 앞서 여러 번 말했지만 분노는 그 자체로 나쁜 감정이 아닙니다. 슬픔, 기쁨, 두려움 등과 마찬가지로 화도 인간이라면 갖게 되는 필수적 감정이죠. 가령 누군가 나와 가족을 괴롭히는데 내가 분노하지 못한다고 가정해보세요. 수십 년 동안 수련한 도인도 아닌데 분노하지 못한다면 심리적 장애가 있는 겁니다. 화를 내야 정상입니다. 화가 긍정적인 영향을 줄 때도 있습니다. 나쁜 권력자나 범죄 행위를 향한 사회적 분노는 정당하고 긍정적이지요. 그래서 화를 느끼는 것 자체를 질타해서는 안 됩니다. 아이의 마음속에 화가 생겼다고 해도 그건 자연스럽다고 인정해줘야 합니다. 단, 화를 폭력적으로 표현했을 때는 문제겠죠. 화가 난다고 해서 물건을 던지거나 주먹을 날리는 것은 정당하지 않습니다. 그러면 화를 내는 아이에게 부모는 뭐라고 해야 할까요? 영국 육아 매체 〈더그린페어런트thegreenparent.co.uk〉가 2017년 미국 노스웨스턴대학교 브루스 D. 페리Bruce D. Perry 교수의 연구를 소개하면서 이런 말을 추천했습니다.

"너 분명히 형 때문에 화가 많이 났구나."
"너 오늘 야외 학습 때문에 걱정을 많이 하는 것 같네."

화나 걱정 등 자녀의 부정적 감정을 부모가 잘 이해하며 인정도 해준다는 뜻을 담은 표현입니다. 그러나 이로 인한 분노를 표출하는 행동은 통제해야 합니다. 화가 난 건 이해하지만 행동으로 푸는 건 안 된다는 말입니다. 다시 말하면, 감정은 허용하되 행동은 금지하는 것이죠. 화가 나면 심호흡을 다섯 번 하라고 아이에게 말해주면 좋습니다. 또한 분노를 유발한 사람이 있는 현장을 떠나라고 말해주세요. 집에 돌아와 베개를 때릴지언정 그 현장을 벗어나 기분을 풀라고 조언해도 되겠지요.

그런데 여섯 살 이전의 어린아이가 분노를 표출할 때는 부모가 더욱 넓은 마음으로 받아줘야 한다고 합니다. 아직 말도 제대로 못하는 아이가 물건을 집어 던지며 화를 낸다고 가정해보죠. 미국의 유아 교육 전문가 토바 클라인Tovah Klein 박사가 매거진 〈애틀랜틱 The Atlantic〉과의 인터뷰에서 언급한 바에 따르면, 여섯 살 이전의 아이들이 물건을 집어 던지면서 화를 표현하는 것은 지극히 자연스러운 일입니다. 언어 표현력이 부족하니 그 좌절감이 자연스럽게 행동으로 표현된다는 것이지요. 생각해보면 아이들은 정말 답답할 거예요. 화나는 일은 있는데 그게 뭔지도 모르겠고 어떻게 말해야 풀릴지도 알 수 없습니다. 그래서 소리를 지르고 물건을 집어던지는 겁니다.

그런데 화내는 아이를 심하게 야단치면 어떻게 될까요? 토바 클라인 박사는 그러면 아이에게 나쁜 결과가 생길 수 있다고 말합니다. 아이가 화라는 감정 자체가 나쁜 것이라고 생각하게 된다는 겁니다. 그러면 아이는 화가 날 때마다 죄책감을 느끼게 됩니다. 이런 죄책감은 부정적 자기 평가로 이어지겠죠. 내 속에 화를 뿜는 괴물이 있으니 나를 미워하는 건 당연한 결과라고 생각하게 됩니다. 그러면 어떻게 해야 할까요? 아이가 화를 내면 부모는 '따뜻하게' 야단치면 됩니다. 아이가 화난 걸 충분히 이해하고 연민하면서 훈육을 하는 것이 좋습니다만, 전 그렇게 하지 못했어요.

"화내지 마. 그건 자주 방귀를 뀌거나 크게 트림하는 것과 같다."

제가 아이에게 했던 말이에요. 유치하지만 나름 숙고해서 만들어낸 비유이죠. 화를 내면 남들에게 피해를 준다는 뜻입니다. 방귀를 자주 뀌는 사람 주변에는 친구들이 모이지 않겠죠. 이처럼 화가 잦으면 친구들이 싫어할 거라는 경고도 담고 있습니다. 그런데 이말은 나쁜 비유입니다. 그저 아이의 분노를 억누르는 게 목표였기 때문입니다. 죽을힘을 다해 방귀를 참듯 어떻게든 화를 참아내라는 주문입니다. 건강하지 않은 대책이죠. 참았던 것은 결국 터지고말 것입니다. 돌아보면 저는 화를 금지만 했지 인정은 해주지 않았던 것 같습니다. 아이가 어렸을 때 아이의 화를 이해해주고 평화롭게 푸는 방법을 함께 궁리했다면 더 좋았을 겁니다.

허용에 익숙한 아이로 키우세요

저에겐 열다섯 살 조카가 있습니다. 착하고 친절합니다. 인성도 좋지만 집중력도 탁월했습니다. 조카가 초등학생일 때 집중해서 책을 읽는 모습을 보고 전 감탄했습니다. 바로 옆에서 누가 뭐라고 떠들어도 아이는 활자 하나하나에 집중했지요. 책 읽으면서 표정 변화도 다채로웠습니다. 기뻤다가 슬퍼지기도 하고 행복했다가 호기심에 넘치는 표정도 짓곤 했습니다. 책 앞에서 이렇게 표정이 다양하다면 그만큼 책에 집중하고 있다는 뜻이 될 것입니다.

그런데 조카가 중학교에 진학한 후 이 아이의 아빠가 하소연하더군요. 조카가 더 이상 책에 집중하지 않고 한 여성 그룹에 빠져 헤어나지 못하고 있다는 것이었습니다. 영상을 찾아 보는 것은 기본이고 노래를 듣고 팬클럽 활동을 하느라고 하루에도 몇 시간씩 허비한다는 겁니다. 한마디로 공부는 하지 않고 아이돌에 빠져버린 것이지요.

아이돌에 빠진 아이에게 뭐라고 말해야 할까요? 확실한 건 '금지'는 안 통한다는 겁니다. "그 그룹을 그만 좋아해"라는 지시는 절대 통하지 않습니다. "그 노래, 그만 들어"라고 압박해봐도 아무 소용이 없을 거예요. 저는 '금지' 대신 '응원'이 나을 것 같았습니다.

"내가 봐도 그 그룹은 정말 멋있더라. 그런데 왜 멋있을까?"

"노래를 잘하고 춤을 잘 추니까요."

"그렇지. 그런데 그렇게 노래를 잘하고 춤을 잘 추려면 얼마나 노력해야 할까?"

"많이 연습해야겠죠."

"아마 몇 달 동안 같은 춤을 추고 노래했을 거야."

"그럴 수 있겠네요."

"그들이 멋있는 건 자기 일을 열심히 하기 때문이야."

"네."

"너도 너의 일을 열심히 해야 하지 않을까?"

"……."

"듣기 싫겠지만 그 말을 꼭 해주고 싶었다."

"……."

상투적인 소리입니다. '열정적으로 노래하고 춤추는 그 그룹처럼 너도 학교 생활을 열심히 하라'는 조언이죠. 아이의 반응이 시원찮을 수밖에 없습니다. 그런데 이 조언의 실효성보다 더 중요한 것은 제가 아이에게 금지를 처음부터 배제했다는 사실입니다. 아이를 키워본 사람들은 알겠지만 10대 아이들에게는 뭔가를 못 하게 해도 통하질 않습니다. 따라서 '하지 마라'는 말을 적게 하는 게 현명한 부모입니다.

그러면 10세 이하의 아이에게는 금지를 마음껏 해도 될까요? 부모는 그 시절 아이에게 마음껏 금지령을 내려서 말과 행동을 제약합니다. "소리 지르지 마", "울지 마", "그거 하지 마", "장난치지 마" 등 금지의 문장이 엄마, 아빠 입에서 시도 때도 없이 나옵니다. 더 자세히 들여다보면 부모는 아이에게 온종일 금지를 외칩니다. 그럴 수밖에 없겠죠. 가만히 놔두면 물건을 깨거나 다칠 수 있으니까요. 또, 해야 할 집안일이 몇 배로 늘어날 수도 있고요.

저의 육아 과정도 돌이켜 생각해보면 금지가 많았습니다. 한 시간에도 몇 번씩 아이가 뭔가를 하지 못하게 막았습니다. 하지만 금지만 외치면 아이들이 위축된다는 게 육아 전문가들의 일치된 주장입니다. 특히 아이가 어릴 때는 위축의 정도가 심합니다. 부모가 "소리 지르지 마"라고 명령하면 아이는 입을 닫고 뭘 어찌해야 할지 모릅니다. "하지 마"라는 제지 명령을 듣는 아이도 마찬가지입니다. 동작을 멈추고 멀뚱히 서 있어야 합니다. 아이들은 부모의 금지 명령에 숨이 막힐 수밖에 없습니다.

그러면 어떻게 해야 할까요? 미국의 인터넷 사이트 어린이 발
달 연구소childdevelopmentinfo.com에서는 이렇게 말합니다. 금지보다
는 긍정적 대안을 제시하는 게 좋다고요. '~을 하지 마라'가 아니
라 '~을 해라'라고 말하는 게 낫다는 것입니다. 가령 "옷을 바닥에
끌고 다니지 마라"보다는 "옷을 좀 높이 들고 걸어봐"가 낫습니다.
그리고 "컵을 떨어뜨리지 마"보다는 "컵을 두 손으로 꼭 잡아라"라
고 해야 한다는 겁니다. 이 외에 우리가 흔히 하는 말들도 '금지'에
서 '허용'으로 바꿀 수 있을 겁니다.

> 소리 지르지 마. → 부드럽게 이야기해줘.
>
> 그거 가지고 놀지 마. 안 돼. 하지 마. → 그거 말고 이거 갖고 놀아.
>
> 동생 때리지 마. 그만. 하지 마. → 동생을 쓰다듬어줘야지.

이 세상의 아이들을 두 종류로 나눌 수 있을 겁니다. 어릴 때부
터 금지에 익숙한 아이와 허용에 익숙한 아이로 말이죠. '하지 마'
라고 금지를 많이 당한 아이는 위축됩니다. 어떤 행동이나 말을 할
때 주저하게 될 겁니다. 자신의 선택이 잘못된 것은 아닌지 항상
고민하고 주눅 들어 있게 되겠죠. 그러므로 허용에 익숙한 아이로
키워야 적극적이고 자신 있는 사람으로 자랄 것입니다. "이거 하지
마"가 아니라 "이거 해봐"여야 합니다.

부모는 자녀를 걱정하기 때문에 이것저것 못하게 합니다. 그런데 사랑이 깃든 금지가 삐끗하면 학대가 될 수 있습니다. 온종일 목줄에 묶여 있는 강아지를 생각해볼까요? 주인은 강아지가 이리저리 돌아다니는 게 싫었습니다. 또 다치거나 길을 잃을까 걱정되었습니다. 그래서 선택한 것이 목줄입니다. 그런데 강아지 입장에서는 사랑이 아니라 학대입니다. 감금된 거나 다름없죠. 주변을 탐색하며 성장할 기회를 잃습니다. 사실 주인은 강아지의 절반만 사랑하는 셈입니다. 강아지의 활달한 모습은 싫고 인형같이 얌전한 모습만 사랑하는 것이죠. 주변에 펜스를 치는 등 안전장치를 하고 강아지를 풀어줘야 옳습니다. 마찬가지로 아이를 온전히 사랑하기 위해서는 금지라는 목줄을 풀고, 아이가 안전하고 자유롭게 삶을 탐색하도록 응원해야 합니다.

10대를 위한 자기 감정 관리법 4단계

1 — 감정 이름 맞히기

지금 무슨 감정을 느껴서 이렇게 힘들까요? 슬픔, 분노, 배신감, 당혹감, 좌절, 외로움 중 어느 것인가요? 먼저 그 감정이 무엇인지를 알아야 합니다.

2 — 감정 받아들이기

사람들은 슬픔이나 외로움 등 어두운 감정을 받아들이면 나쁘다고 생각합니다. 더욱 슬프고 외로워진다고 믿는 거죠. 그런데 회피하는 게 더 나쁩니다. '내가 이렇게 느껴도 괜찮다'라고 생각하면서 화, 슬픔, 질투, 좌절 등이 지금 내 가슴에 있다는 걸 인정하세요.

3 — 감정 표현하기

감정을 표현하는 것이 감정을 푸는 유일한 길입니다. 자신이 지금 느끼는 감정에 대해서 글을 쓰거나 신뢰하는 사람에게 말을 하면 도움이 됩니다.

4 — 자신을 돌볼 방법 찾기

지금 이 순간, 나를 보살피기 위해 무엇을 할 수 있을까요? 따뜻한 포옹이나 편안한 낮잠, 혹은 샤워나 산책도 좋죠. 또는 친한 사람의 위로도 효과적입니다. 좋은 걸 하나 택해서 해보세요.

출처 미국의 한 심리학 매체 사이키 센트럴psychcentral.com의 작가 리사 M. 새브Lisa M. Schab가 제시한 방법

CHAPTER 3

아이가 무례하다고
착각했습니다

아이는 몇 살 때 부모에게 가장 큰 행복을 줄까요? 제 생각엔 다섯 살 전후입니다. 그 시절 아이는 쫑알거리며 부모를 행복하게 합니다. 말도 잘 듣고 자신의 모든 것을 부모에게 이야기합니다. 아이는 부모가 완전한 사람인 것처럼 사랑해줍니다.

그러나 십 년 후, 이 귀여운 아이는 부모에게 시련을 주기 시작하죠. 중2병에 걸려 이제 부모와 말도 섞지 않습니다. 존중의 태도도 찾아보기 힘들고 때로는 격렬하게 항의합니다. 열다섯 살 전후에 시작된 아이의 반항을 지켜보면서 저는 제 아이가 아주 못됐다고 생각했습니다. 예의와 배려도 모르는 무뢰한 같았습니다. 부모를 왜 이렇게 업신여기고 못살게 구는지 알 수 없었고 제 아이지만 때로는 미웠습니다.

그런데 나중에 알게 된 사실은 아이가 아니라 제가 아이를 존중하지 않았다는 사실입니다. 한 인격체로서 예의를 갖고 아이의 세계를 대하지 않았음을 뒤늦게 깨달았습니다.

호전적으로 만드는 말
"넌 예의도 몰라? 부모가 우스워?"

존중받는 경험을 선물해주세요

인생에는 누구나 아는 규칙이 있습니다. 친밀한 사람들은 서로 같은 걸 주고받습니다. 내가 해준만큼 친구도 해줍니다. 내가 냈던 축의금만큼 나에게 돌아옵니다. 아내에게 잘해줘야 남편도 대우를 받습니다. 부모 자식의 관계라고 다르지 않을 겁니다. 부모가 자녀를 존중해줘야 자녀도 부모를 존중합니다. 너무나 단순한 원리인데 저는 그걸 몰랐습니다. 사춘기 아이와의 갈등을 죄다 겪은 후에야 "아하 그렇구나" 싶었습니다.

아이와의 갈등은 보통 말싸움으로 시작됩니다. 유치하게도 많은 부모는 아이와의 말다툼에서 꼭 이기고 싶어 합니다. 하지만 갈수록 패전 기록이 쌓이지요. 아이는 성장합니다. 돈을 쏟아가며 가르친 보람인지 커갈수록 아이들의 논쟁 기술이 나날이 발전합니다.

저도 나날이 성장하는 아이와 격정적인 말다툼을 자주 했습니다.

아이가 중학교 1학년 때였습니다. 할머니를 포함한 친척들이 모여서 저녁 식사를 하고 있었는데 아무것도 아닌 일로 아들과 다투기 시작했습니다. "아빠가 묻는데 왜 대답을 안 해?", "말하기 싫어요" 고성이 오갔습니다. 할머니부터 사촌 동생들까지 식사를 멈출 수밖에 없었죠. 오랜만에 한 외식을 다 망쳐버렸습니다. 중학교 2학년 때 강릉으로 가족 여행을 갔을 때가 또 생각납니다. 당시 사진을 보니 아이의 표정이 좋지 않습니다. 불만과 슬픔, 그리고 지루함이 얼굴 곳곳에 배어 있었죠. 카메라를 보지 않고 저 혼자 벤치에 앉아 넋을 놓고 있는 모습도 있었습니다. 가족사진 찍을 때는 엄마 아빠와 조금이라도 더 떨어지려 기를 쓰기도 하더군요. 중학교 3학년 때 경기도의 국도를 달리다가 차를 세운 후 아이에게 했던 말도 기억납니다. "넌 예의를 몰라. 부모가 네 친구야?" 아이는 아무 대답이 없었습니다. 이를 악물고 침묵했던 것 같습니다. 고등학교 1학년 때는 휴가지 펜션에서 싸운 기억이 납니다. 저의 동생 가족이 모두 눈을 동그랗게 뜨고 지켜보고 있을 때였습니다. "넌 부모를 존중할 줄 모르니?", "엄마 아빠는 나를 존중하나요?" 고등학교 2학년 때는 새벽에 오고 간 말 중 일부를 기억합니다. "넌 엄마가 그렇게 우습니?", "엄마는 왜 날 무시하죠?"

이 모든 게 저희 집 갈등의 역사입니다. 어떨 때 부모와 자녀는 뜨겁게 설전舌戰을 벌일까요? 제 사례를 보면 답이 나오죠. 부모는 아이가 무례하다고 느낄 때 호전적이게 됩니다. 무시를 당했다고 생각하는 부모가 먼저 화를 내고 소리를 지릅니다.

"넌 부모가 우스워?"

"왜 날 무시해?"

"넌 부모를 존중할 줄도 모르니?"

"너는 예의가 아예 없구나."

대부분 가정에서 벌어지는 큰 싸움의 주제는 '존중'입니다. 부모는 아이에게 존중받지 못한다고 느낄 때 공격하고 아이는 온 힘을 다해 반격하게 됩니다. 왜 아이는 부모에게 무례할까요? 부모를 존중하지 않는 아이를 어떻게 해야 할까요? 미국의 심리학자 다이애나 디베차Diana Divecha가 자신의 사이트developmentalscience.com에 정리해놓은 내용이 눈에 띕니다.

"존중은 양방향 도로입니다."

존중은 일방적일 수 없다는 겁니다. 가는 것이 있어야 오는 것도 있겠죠. 자녀로부터 존중을 받으려면 먼저 존중을 해줘야 합니다. 그 말인즉슨 아이가 부모를 존중하지 않는 것은 아이가 존중을 받지 못한 결과라는 것입니다. 저는 망치로 머리를 한 대 맞은 것 같았습니다. 저는 아이가 부모를 존중하지 않는다고 확신하고 실망했습니다. 존중이 오지 않는다고 화를 낸 거죠. 그런데 저의 존중이 과연 아이에게 닿았을지 되돌아보게 되었습니다. 제가 한 번이라도 아이를 존중하고 아이에게 예의를 지켰을까요? 아니요. 그동안 저는 아이가 무례한 줄로만 알았는데 알고 보니 부모가 무례한 것이었습니다. 저는 무능했습니다. 존중받는 경험을 아이에게 선물하지 못했습니다. 모범을 보이고 가르치지 못했습니다. 당연한 결과였습니다. 그렇다고 해서 제 아이가 '사회 부적응자'라는 것은 아닙니다. 밖에서는 선생님과 잘 지냈고 친구도 너무 많아서 탈일 정도였습니다. 집에서는 잘 웃지 않았지만 친구들과 찍은 사진들을 보면 그렇게 밝게 웃을 수 없었습니다.

후회가 됩니다. 제가 더 좋은 부모여서 아이를 진심으로 존중하며 보살폈다면 아이가 중고등학교 시절에 더 행복했을 거라는 자책감이 듭니다. 저는 무례하게 덤벼들던 아이 덕분에 삶의 중요한 교훈을 얻었습니다. 모든 인간관계는 '등가 교환의 관계'라는 것을요. 존경을 원하면 먼저 존경을 해야 합니다. 사랑을 원하면 먼저 사랑을 해야 합니다. 인정을 원하면 먼저 인정을 줘야 합니다. 아이가 행복해지길 원하면 부모인 내가 먼저 행복해야 합니다. 아이가 자주 웃기를 원하면 부모인 내가 먼저 웃어야 합니다. 이 얼마나 쉽고도 단순한 원리입니까. 저는 이걸 아이가 다 자란 후에야 깨달았습니다.

그러나 구체적인 노하우를 원하시는 분들을 위해 무례한 10대를 다루는 작은 팁도 하나 알려드리겠습니다. 미국의 정신 건강 정보 사이트 굿세러피goodtherapy에 심리학 박사 로이스 나이팅게일Lois Nightingale이 추천하는 방법입니다.

첫째, 규칙을 정해야 합니다.

아이의 무례를 무작정 용인할 수는 없습니다. 규칙은 세워야 하겠죠. '어떤 행동은 절대 하지 않는다'라고 합의하고 정합니다. 또 '긍정적으로 행동하면 어떤 보상을 주겠다'는 당근도 제시합니다. 실행 가능한 규칙을 정하면 충돌하는 일이 줄어들 겁니다.

둘째, 짜증을 이해해줍니다.

아이들은 짜증을 쉽게 부리고 화도 잘 냅니다. 그런 감정 때문에 아주 무례한 행동을 하죠. 그러나 짜증과 화를 짓누르면 될까요? 아뇨. 부모가 할 수 있는 최선은 인정입니다. "크게 실망한 것 같네", "그래, 화날 만하다" 등의 말을 해줍니다. 단, 충고를 덧붙이거나 자세를 고치려고 하지 마세요. 아이들은 또 간섭한다고 생각하면서 반항의 강도를 높일 테니까요.

셋째, 꾹 참고 이야기를 들어줍니다.

부모가 자녀의 이야기를 잘 들어준다고 믿도록 만들어야 합니다. 진심으로 경청하면 그런 믿음이 생기겠죠. 무례하다고 해서 아이의 말을 거부하면 좋지 않을 겁니다. 무례한 말 속에 아이의 진심이 있고 간절한 바람이 있을 수 있으니까요.

넷째, 부모는 자신만의 즐거운 시간을 갖습니다.

부모가 너무 아이에게만 매달리지 말고 부모도 자신의 시간을 가져야 합니다. 친구를 만나고 운동도 하고 좋아하는 일에도 집중하는 겁니다. 자기 행복에 충실한 부모의 모습이 자녀에게 좋은 본보기가 될 겁니다. 부모가 행복해야 자녀도 행복합니다.

다섯째, 힘들더라도 칭찬을 해줍니다.

반항적이고 무례한 아이를 칭찬해주는 건 정말 어렵습니다. 칭찬거리가 있어야 칭찬을 할 테니까요. 그래도 칭찬거리를 찾아내서라도 칭찬해줘야 합니다. 한 번 지시를 했으면 다섯 번은 칭찬하도록 노력하면 좋습니다.

대화 단절을 만드는 말
"그러지 말았어야 해"

편안한 질문을 해주세요

유치원에 다닐 때는 온종일 있었던 일을 시시콜콜 이야기하던 아이가 점점 말이 줄어들다가 중학교에 가면 입을 닫습니다. 부모가 물어봐도 반응이 없죠. 이럴 때 부모는 걱정도 되고 서운하기도 하기 마련이죠.

"넌 엄마랑 말 안 할 거야? 말하기 싫어?"

그런데 궁금합니다. 저런 말을 들은 아이는 어떤 마음일까요? 아마 아이 입장에서는 어이없는 질문일 겁니다. 아이는 엄마와 말하기 싫은 게 아닙니다. 중학교에 진학한 아이의 말이 줄어드는 이유는 여러 가지가 있죠. 먼저 10대 아이들이 바쁘기 때문입니다. 공부를 안 하는 아이라고 해서 여유 있는 게 아닙니다. 친구 관계, 이성 문제, 외모 가꾸기, SNS 관리 등 할 일이 태산입니다. 그러니 엄마나 아빠와 대화할 시간이 줄어드는 겁니다. 또, 부모를 대체할 '친구'가 생기는 시기이기도 하죠. 아이들은 친구와 고민을 나누면 됩니다. 사실 엄마 아빠와는 말이 잘 통하지도 않습니다. 당연히 집에서 말할 필요가 없어지는 것이겠죠. 엄마 아빠도 성장기에 그랬을 겁니다. 이처럼 대화가 줄어드는 게 자연스러운데도 부모는 현실로 받아들이지 못합니다. 다시 대화가 늘어날 수 있다고 믿고 또 그래야 한다고 생각합니다. 그게 "왜 넌 엄마 아빠와 말을 안 하니?" 하면서 서운해하는 이유입니다.

서운해하는 건 그래도 낫습니다. 화를 내는 부모도 있습니다. 저도 그런 적이 있었습니다. 아이가 너무 말을 하지 않는 겁니다. 말을 시켜도 반응이 없었습니다. 그래서 화가 났습니다. 왜 말을 하지 않느냐고, 엄마와 아빠를 사람 취급도 하지 않는 것이냐고 소리쳤습니다. 지금 생각해보면 코미디 같은 짓이었습니다. 사실 말을 하건 안 하건 그건 아이의 권리이죠. 남이 뭐라 할 것이 아닙니다. 그런데 부모는 아이가 과묵한 것을 무례라고 여기고 멋대로 화를 내죠. 침묵은 아이의 권리인데 그 권리를 부모가 침범했으니 사실은 부모가 더 무례한 것인데도 말이죠.

그런데 부모의 잘못 때문에 대화가 더 빨리 줄고 결국 대화 단절에까지 이르는 경우도 있습니다. 대표적인 원인은 두 가지입니다. 로라 H. 카넬Laura H. Carnell 교수도 꼽은 문제인데, 바로 '강의 본능'과 '비판 본능'입니다. 첫 번째 원인은 '강의 본능'입니다. 아이에게 완벽한 처방을 내려주고 싶어서 아이 앞에서 길고 긴 강의를 하는 부모가 있습니다. 예를 들어 아이가 공부가 잘 안 된다고 하면 부모는 긴 연설을 늘어놓습니다.

"공부가 잘 안 될 때는 10년 후의 네 모습을 상상해. 잠깐 쉬어도 좋아. 10분 쉬면 50분 정도 집중할 수 있어. 그리고 자세를 바로 해야 학습 효율이 높아지는 거야. 잡념이 떠오르거든 심호흡을 해봐."

많은 부모가 아이들에게 하는 지긋지긋한 장광설長廣舌이죠. 그래도 아이들이 어릴 때는 고개를 끄덕이며 수긍합니다. 그러나 아이가 크면 달라집니다. 중학생만 되어도 식견이 생겨서 엄마 아빠의 말이 정답이 아니란 걸 알지요. 이렇게 상황이 바뀌었는데도 부모는 여전히 강의 본능에서 벗어나지 못하니 아이는 자연히 대화를 피하게 됩니다. 이처럼 강의 중독 부모가 대화 단절의 원인 제공자입니다.

대화 단절의 두 번째 원인은 부모의 '비판 본능'입니다. 부모는 아이의 잘못을 집요하게 찾아내 지적하곤 합니다. 주로 '네가~ 해야지' 또는 '네가 ~ 했어야지'라고 하면서 자녀의 부족한 점을 꼬집습니다.

"그런 일이 생기지 않게 네가 조심했어야지."

"공부하느라 고생은 했어. 그래도 더 열심히 했어야지."

물론 좋은 의도일 겁니다. 다 자녀가 잘되라는 말이죠. 그런데 아이들은 이게 싫습니다. 자신에 대한 비난이 좋을 사람은 없으니까요. 아이들이 차라리 부모와는 대화를 하지 않는 게 좋겠다고 판단하는 게 당연합니다.

부모가 아이와의 대화를 조금이라도 늘리고 싶다면 세 가지 원칙을 지켜야 합니다. 먼저 입을 닫아야 합니다. '이야기를 듣기만 하겠다'고 결심하고, 강의도 비난도 하지 않는 거죠. 다음은 스몰 토크Small talk를 많이 하는 겁니다. 연예인 이야기, 요즘 유행하는 드라마나 영화 이야기, 웃기는 이야기 등을 열심히 떠들어보세요. 아이는 즐거워할 것이고 대화가 다시 늘어납니다. 마지막으로는 답하기 편한 질문을 많이 하면 대화가 회복됩니다.

"누가 너에게 가장 잘해주니?"
"어떨 때 가장 화가 나니?"
"엄마 아빠가 어떤 걸 고치면 좋겠어?"
"뭐 하면서 놀고 싶어?"

위 질문에는 공통점이 있습니다. 모두 아이의 마음에 대한 물음이라는 것입니다. 또 다른 공통점은 아이를 압박하지 않는 편안한

답하기 편한 질문을 많이 하면 대화가 회복됩니다.

질문이라는 겁니다. 가령 "네 꿈이 뭐야?"라든가 "너의 단점은 뭐라고 생각하니?"와 같은 불편한 질문은 차라리 안 하는 게 좋습니다.

부모와 자녀가 친밀했어도 대화는 줄어들기 마련입니다. 자녀가 대학교에 가서도 엄마에게 모두 시시콜콜 이야기한다면 오히려 염려해야 할지도 모릅니다. 비밀이 없다면 건강한 성인이 아니기 때문입니다.

또 자녀의 고민을 듣는다고 해서 부모가 다 해결할 수도 없습니다. 어린 자녀는 부모에게 쉽습니다. 어떤 고민이든 해결할 수 있으니까요. 그런데 중고등학교만 가도 아이들은 부모가 이해도 못하고 해결도 못할 문제들을 경험합니다. 친구 사이의 미묘한 갈등이나 애증, 그리고 이성 문제는 부모가 안다고 해결할 수 없습니다. 아이가 친구들과 많이 대화하거나 홀로 사색하면서 성숙해지길 기도하는 것이 최선일 때도 있습니다. 그리고 기도하는 동안에는 무엇보다 침묵이 가장 중요하고요.

강제로 입을 여는 말
"모르긴 뭘 몰라?"

스스로 말할 때까지 기다려주세요

중학생 정도가 되면 아이들이 일제히 '고구마 같은' 말을 하기 시작하죠. 바로 "몰라요"라는 말입니다. 아이에게 뭘 물어봐도 "몰라요"라고 말합니다. 그러면 부모는 가슴이 꽉 막혀 답답해집니다.

"오늘 학교에서 재미있었어?"
"몰라요."
"시험 잘 봤니?"
"몰라요."
"오랜만에 외식인데 뭐 먹을래?"
"몰라요."
"오늘 누구 만나니?"

"몰라요."

정말 바보처럼 들리지 않나요? 학교생활이 재미있었는지 아닌지 자기가 모르면 누가 안다는 것인지……. 또 약속이 있다고 자기 입으로 말해놓고 누굴 만나느냐고 물었더니 모른답니다. 어이가 없고 화가 나고 분통이 터집니다. 심지어 얘가 나를 놀리나 싶어 무시당한다는 느낌까지 듭니다.

"몰라요? 왜 대답이 왜 그따위야? 그걸 네가 모르면 누가 알아?"
"모르긴 뭘 몰라? 바보냐?"

저는 저 "몰라요"라는 말을, 아이를 키워오면서 수도 없이 들었습니다. 처음엔 답답하고 화도 났지만, 아이의 "몰라요"에는 두 가지 뜻이 있다는 것을 알게 되었습니다.

첫 번째 뜻은 '낚이기 싫어요'입니다. 부모의 질문에 대답하면 아이는 덫에 걸립니다. 아이는 이런 경험을 어릴 때부터 수없이 해왔습니다.

"TV 많이 보면 좋은 아이야, 나쁜 아이야?"
"나쁜 아이예요."
"그런데 넌 왜 계속 TV를 보고 있니? 너 나쁜 아이니?"

"아뇨."

"그럼 가서 책 읽어라."

"예."

아이가 TV를 보고 있으면 부모가 다가와서 질문을 던집니다. 순진한 아이는 그 말에 대답하는데, 결국에는 부모에게 낚입니다. TV를 끄게 되죠. 이 방법은 떼를 쓰는 아이를 제압할 때도 좋습니다. 부모는 "이렇게 떼를 쓰면 산타 할아버지가 오시겠니, 안 오시겠니?"라고 묻습니다. 놀고 싶은 아이를 공부하게 할 때도 부모는 비슷한 방법을 씁니다. "공부를 안 하면 나중에 훌륭한 사람이 될 수 있어, 없어?"라고 묻는 것이죠. 아이는 엄마 아빠의 질문에 대답하다가 덫에 걸리고 맙니다. 그렇게 낚이는 경험을 수없이 합니다. 어차피 부모가 원하는 대답은 정해져 있습니다. 아이는 그렇게 점점 부모와의 대화를 피하고 싶어질 것입니다.

아이가 부모와의 대화를 회피하는 가장 좋은 방법은 뭘까요? 말도 안 되는 반응을 보이면 되는 것입니다. "몰라요"가 대화를 끊는 데 가장 효과적이죠. 아이는 이제 뭘 물어도 "몰라요"라고 말합니다. 그러면 질문을 던지던 부모의 말문이 막힙니다. 아이가 함정에 빠질 일도 없습니다.

두 번째 뜻은 '말하기 싫어요'입니다. 아이는 자라면서 비밀이 생깁니다. 누군가를 좋아할 수도 있고 세상이 싫을 수도 있으며 열등감에 휩싸일 수도 있습니다. 이런 비밀은 말하기 싫습니다. 그런데 부모는 자꾸 캐묻습니다. 학교생활에 대한 감상도 개인 비밀이고, 오늘 누굴 만나는지도 말하고 싶지 않을 수 있습니다. 그럼에도 부모는 당연한 듯이 캐묻습니다. 이럴 때 아이가 대처하기 쉬운 방법은 뭘까요? "몰라요"라고 말하면 대화가 끝납니다. "말하기 싫어요"라고 하면 부모는 "왜 싫어?"라고 대화가 이어지겠지만 "몰라요"에는 대응 카드가 마땅찮습니다. 대화가 순식간에 끝나는 것입니다. 그래서 아이는 "몰라요"라고 말하게 된 것이죠.

부모는 화가 납니다. "네 일인데 네가 몰라? 말이 돼? 날 무시해?"라며 공격합니다. 그런데 부모는 호통을 칠수록 아이의 마음이 더 닫힌다는 걸 알지 못합니다. 그럴수록 아이는 부모와의 대화가 더 싫어질 것입니다.

"몰라요"에는 그 외에도 두 가지 뜻이 더 있습니다.

"난 그 문제 생각 안 할래요." (자기 결정권 주장)
"왜 말도 안 되는 질문을 하세요?" (부모 비판)

어른들도 말하기 싫을 때가 있습니다. 그때 누군가가 말 좀 해보라고 압박하면 어떨까요? 불쾌할 겁니다. 아이도 마찬가지입니다. 말하기 싫어서 "몰라요"라고 했는데 부모는 화를 냅니다. 얼마나 불쾌하고 짜증이 날까요? 아이는 당연히 엄마 아빠가 좋은 대화 상대가 아니라고 판단할 겁니다. 자연히 대화도 더 줄어들게 되겠죠. 물론 엄마 아빠는 도와주고 싶어서 그러는 것이겠죠. 그래도 강제로 아이 입을 여는 것은 좋지 않습니다.

"뭘 모른다는 거야?"

"너는 왜 말을 안 해?"

"도대체 뭐가 불만이야?"

"뭘 몰라? 너 바보냐?"

이 모두 아이의 입을 억지로 열려는 말들입니다. 아이가 말을 하기 싫어한다면 그냥 내버려 두는 것이 좋을 겁니다. 입을 억지로 열면 마음의 문이 더 굳게 닫히거나 관계가 부서지게 될 테니까요. 또 다른 사실도 있습니다. 어떤 아이는 부모가 안달하니까 재미도 있고 시위도 하는 겸 입을 닫고 버팁니다. 말을 시키지 않으면 자기가 답답해서 먼저 말할 수도 있습니다. 서슬 퍼런 수사 기관에서도 묵비권을 인정합니다. 아이가 말하기 싫다면 답답하더라도 조용히 기다려주는 게 더 나을 것 같습니다.

청소년 자녀와 대화를 더 잘하는 법

1 — 강의하지 말기

부모는 자녀에게 뭔가 도움이 되는 말을 해주고 싶어 합니다. 자신이 주도적으로 말하는 강의를 원합니다. 그러나 강의 말고 대화를 해야 합니다. 대화는 두 사람이 공평하게 나누는 것입니다. 자녀의 말도 들어줘야 합니다.

2 — 공격하지 말기

아이가 말도 안 되는 소리를 할 수 있습니다. 버릇없는 말을 내뱉기도 하죠. 그래도 공격하지 마세요. 상대를 공격하거나 비난하면 대화가 깨집니다. 참으셔야 합니다.

3 — 의견을 존중해주기

청소년 자녀의 의견을 경청하고 진심으로 존중해주세요. 의견을 잘 들어주면 청소년들은 놀라울 정도로 열심히 대화에 참여합니다.

4 — 하고 싶은 말 참기

부모는 너무 말을 많이 합니다. 그러나 하고 싶은 말의 절반만 이야기하세요. 할 말이 떠오르면 입을 여는 게 아니라 입을 단속해야 합니다. 입을 예쁘게 닫으면 대화가 더 잘될 겁니다.

출처 미국의 의학정보매체 〈웹엠디WebMD〉가 청소년 발달 전문가인 로라 H. 카넬Laura H. Carnell 교수와 로렌스 스타인버그Laurence Steinberg 박사의 도움으로 정리한 방법

5 — 시도 때도 없이 대화하기

기회가 날 때마다 대화하세요. 따로 시간 내어서 하려 하지 말고 차에서, 식탁에서 그리고 소파에 앉아서 계속 말을 시키세요. 미루지 마세요. 현재를 놓치지 말아야 합니다.

CHAPTER 4

반대로 되는 말을
많이 했습니다

인생은 알 수 없는 일로 가득합니다. 무슨 일이 일어날지 한 치 앞도 알 수 없지요. 때로는 우리의 선한 의도를 뒤집는 일들도 생깁니다. 아이를 키울 때도 비슷해요. 의도와는 정반대의 상황이 생기지요. 부모가 아이를 위해서 한 일이 아이에게 오히려 해가 되기도 하고요. 채소를 많이 먹이려고 친절히 설명했더니 정반대로 아이가 채소를 더 기피하기도 합니다. 또 규칙을 따르라고 강조할수록 아이는 규칙을 어기는 탈선 청소년이 되어버립니다. 앞으로는 좋은 결정을 내리라고 과거의 결정을 꾸짖었더니 아이는 과거 속에 갇혀버립니다. 그런데 어찌 보면 이런 일들은 자연스러울지도 몰라요. 부모도 세상일을 잘 모르는 미숙한 존재이기 때문이지요. 이 챕터에서는 부모의 뜻과 반대로 펼쳐지는 상황을 정리하겠습니다.

과거 말고 미래 지향적인 말을 해주세요

부모는 마음으로는 자녀가 행복한 미래로 나아가기를 바랍니다. 그런데 실제로는 과거 속으로 밀어 넣습니다. 소망과 반대 방향으로 아이를 몰아가는 겁니다. 많은 부모의 언어 습관이 그렇습니다. "왜 그랬어?"나 "내가 그러지 말라고 했잖아!"라고 자주 말하는 부모는 아이의 사고를 과거 지향적으로 만듭니다.

물론 아이가 부모의 조언을 무시한 게 발단이 됩니다. 가령 아이는 엄마가 사지 말라는 장난감을 기어이 샀다가 얼마 못 가 싫증을 내고 실망합니다. 또 뛰지 말라고 그리 말해도 달리다가 넘어져 다치고 맙니다. 모두 부모 말을 따르지 않은 결과이지요. 어린 애들만 그러는 것도 아니에요. 다 큰 애들도 자기 결정을 후회하기 일쑤죠. 가령 부모가 반대하는 학과에 진학한 아이가 결국 졸업할 때가 되어서야 취업을 걱정하기도 하고요. 그렇게 자녀가 부모 말을 듣지 않고 자기 고집을 피우다가 기어이 후회할 때 부모 입에서 나오는 말이 있습니다.

"그것 봐. 내가 뭐랬어?"

안타까워서 하는 말이죠. 저도 그런 말을 많이 했고 그 순간 아이를 연민했던 게 분명합니다. 그런데 입장을 바꾸어 생각해볼까요? 친구나 직장 상사로부터 "그러게, 당신 내가 뭐랬어?"라는 말을 듣게 된다고 상상해보세요. 약이 오르고 자존심이 상하겠죠. 당연합니다. 그 말속에는 이런 뜻이 숨어 있기 때문입니다.

넌 생각이 부족해. (자존감 저격)

네 생각대로 하면 문제가 생겨. (불안감 유발)

넌 나보다 열등해. (깎아내림)

그러게, 현명한 내 말을 들었어야지. (우월감 분출)

공중에서 여러 조각으로 분해되어 다수의 목표를 때리는 미사일이 있습니다. 그런 미사일을 다탄두 미사일이라고 하죠. "그것 봐, 내가 뭐랬어?"는 영락없는 '다탄두 미사일'입니다. 아이의 마음을 다중으로 공격하니까요. 먼저 '넌 생각이 부족하다'는 힐난이므로 아이의 자존감에 상처를 냅니다. 또 아이의 능력이나 판단력이 부족하다고 깎아내리는 말입니다. 그리고 "봤지? 내가 옳았잖아"라는 뜻도 됩니다. 자칫 실패한 아이 앞에서 부모가 우월감을 과시하는 꼴이 될 수 있지요. 물론 앞서 말했듯이 "그것 봐, 내가 뭐랬어?"라는 말의 저변에는 안타까움이 있어요. 하지만 힐난의 기운이 너무 강해서 부모의 그 안타까움이 잘 드러나지 않습니다. 진정 안타깝다면 좀 더 정확하게, 이렇게 말해주면 어떨까요?

"일이 그렇게 되어 힘들겠네. 엄마 아빠도 안타까워."

위의 말에는 공격성이 조금도 없습니다. 부모의 마음도 정확히 드러납니다. 그래서 아이에게 위로와 응원이 됩니다. 부모가 이렇게 말해주면 자녀의 마음은 금세 따뜻해지고 힘도 날 거예요. 그런데 대부분의 부모들은 이런 따뜻한 말을 하지 못하지요. 아이를 아끼는 사랑의 마음을 꺼내 보이는 것을 부끄러워 합니다. 그래서 말을 뒤틀고 꼬아버립니다. 마음은 그게 아닌데 말은 자꾸 핀잔이 되는 것이죠. "그것 봐, 내가 뭐랬어?"가 그런 좋은 사례입니다. 비슷하게 자녀의 판단을 비판하는 말들은 아주 많습니다.

"내가 안 될 거라고 했잖아."
"너 엄마 아빠 말 안 들으면 후회할 거라고 경고했지?"

"어쩐지 불안하더라."

"엄마 아빠가 아니라고 했는데 왜 그렇게 고집 피웠니?"

다 똑같은 부류의 말입니다. 다탄두 미사일처럼 듣는 사람을 비난하고 깎아내리고 좌절시키는 말이지요. 또 모두 뒤틀린 말입니다. 속마음은 안타까웠을지라도 정작 실제로 튀어나온 말은 공격인 그런 말이지요. 마음은 뺨을 쓰다듬고 싶었는데 정작 손은 뺨을 때린 셈이에요. 이러면 마음의 교류가 어렵습니다.

이제야 알 것 같습니다. "그러게 내가 뭐랬냐?"라고 제가 말하면 아이가 불만스러운 표정을 지었던 이유를요. 대안이 있을까요?

"내가 뭐랬어?"나 "내가 안 된다고 했잖아"는 모두 '과거 지향적'인 말입니다. 하나같이 '과거에 네가 잘못했다'는 뜻입니다. 그래서 어쩌라고요? 과거로 돌아갈 수 있을까요? 과거 잘못을 들춰서 현재 상황이 호전되나요? 의미 없는 비판이에요. 과거를 지워버리고 현재 혹은 미래에 집중하는 말로 바꾸는 게 좋습니다.

"이 장난감은 안 좋다고 엄마가 말했잖아?"

→ "원래 장난감은 곧 싫증 나는 거야. 다음에는 더 좋은 거 사자."

"뛰어다니면 넘어진다고 했지?"

→ "다친 무릎에 약 바르자. 이제부턴 조심해."

"불문학은 취업에 도움 안 된다고 했는데 왜 고집부렸어?"

→ "전공이 모든 걸 결정하지 않아. 함께 방법을 찾아보자."

이처럼 과거는 과감히 삭제하는 게 좋습니다. 과거의 판단이나 결정에 미련을 두지 말고 앞만 보는 겁니다.

밝은 목소리로 "앞으로는 그러지 말자"라고 하는 건 괜찮습니다. 그런데 "내가 뭐랬어? 그러지 말라고 했잖아"라면서 짜증을 부릴 때 아이는 괴롭습니다. 따뜻한 말투라면 "앞으로는 잘해"도 괜찮아요. 그런데 "왜 그랬어, 도대체? 또 그럴 거야?"라고 야단을 치면 아이의 시선은 과거의 잘못을 향하게 됩니다. 앞으로 가야 하는데 뒤를 신경 쓰게 되는 것이죠. 결국 아이는 뒤를 보면서 앞으로 달리게 됩니다. 위험천만한 상황입니다.

저라고 다르지 않았습니다. "너는 지난번에도 그랬어. 또 그럴 거야?", "너는 후회할 줄을 모르니?"라고 했습니다. 과거를 들춰서 아이를 아프게 했습니다. 저는 아이가 미래를 향해 밝게 달리길 원했지만 저의 말 때문에 아이는 때때로 과거에 갇혔습니다. 저의 바람이 반대로 실현되었던 겁니다.

불행해지게 만드는 변명
"다 널 위해서 그랬어"

부모도 미숙한 존재라는 걸 인정하세요

흔히들 자녀에게 "다 너를 위해서 그랬다"라는 말을 합니다. 주로 아이가 야단을 맞아서 시무룩하거나 울고 있을 때 던지는 말이지요. 부모 딴에는 제법 괜찮은 위로 같지만, 사실은 자녀를 더욱더 속상하게 만드는 말입니다. 짜증 나는 함의가 있거든요.

> 아빠 엄마는 너를 사랑한다. 의심 마라. (생각하지 말라는 지시)
>
> 너를 바르게 키우려는 부모의 노력에 감사해라. (감사 강요)
>
> 네가 잘못해서 어쩔 수 없이 그랬다. (책임 회피)

야단이나 매를 맞아서 슬픈 아이에게 "널 위해서 그랬다"라고 말하는 건 2차 가해입니다. 항의할 수 없게 입을 막기 때문이죠.

또 문제 발생의 책임을 피해자에게 돌려서 상처를 덧나게 하는 말입니다. 사실 "널 위해서 그랬다"라는 말은 논리부터가 엉터리입니다. 그 말이 강조하는 것은 '선의'입니다. 의도는 좋았다고 주장하며 변명하는 것이죠. 하지만 선의가 결과를 정당화하지 못합니다. 좋은 의도였다 하더라도, 결과가 나쁘면 잘못한 겁니다.

그러면 어떻게 해야 할까요? 미안하다고 사과한 후 다시는 안 그러면 되죠. 간단합니다. 하지만 "다 너를 위해서 그랬다"라는 말은 어딘가 질척거립니다. 자기 정당성을 끝까지 고집하는 말이기 때문이죠. 피곤한 노릇입니다. 저는 어릴 적 "너를 위해서 그랬다"라는 말을 들으면 불행했습니다. 부모님이나 선생님의 선의는 충분히 알겠지만, 마음을 열고 받아들이기 어려웠습니다. 어른들이 자신들의 가해를 정당화하는 것 같아서 저는 불쾌하고 굴욕적이었습니다. 그런데 성인이 되어서도 비슷한 말을 들은 적이 있어요. 바로 떠나는 연인한테서 말이죠.

"너를 사랑하기 때문에 떠나. 너를 위한 거야."

더 좋은 사람과 연애하기 위해 떠나면서 너를 위한 거라니요. 자신의 행위를 미화하고 정당화하는 말입니다. 저는 불쾌했습니다. 그런데 제가 부모가 된 후 아이에게 비슷한 말을 내뱉고 있는 게 아니겠어요? 한번은 아이의 당돌한 반격을 받은 적도 있습니다.

"벌을 세운 건 너를 위해서였어."

"저를 위해서라고요?"

"그래. 다 너를 사랑해서야."

"제가 아니라 부모님을 위해서 아닌가요?"

그때 제 아이는 정확한 의미를 모르고 반항 삼아서 아무 말이나 뱉었을 수도 있지만, 정확하게 날아와 제 마음에 꽂혔습니다. 아이의 지적이 완전히 맞았던 거지요. 대학 시절, 나를 떠났던 그 연인처럼 저도 이기적이었던 거예요. 아이에게 벌을 내린 부모는 아이를 위한 마음도 있겠지만, 양육에 성공하고픈 자기 욕심도 있었겠지요. 그러니까 "너를 벌을 세운 건 너와 나 모두를 위해서였어"가 더 정확합니다. "너를 위해서 그랬어"는 이기적인 마음은 없었다며 꾸미는 거짓말입니다. 그걸 깨닫고 나니 부끄러워지더군요. 제 친구의 사례를 보죠. 친구 역시 중학생 아들을 혼낸 후 "너를 사랑해서 그랬다"고 말했다고 합니다. 그런데 아이가 날카롭게 반박했습니다.

"혼나서 속상하지? 미안해. 다 너를 사랑하는 마음에 그런 거야."

"부모님은 저를 미워하는 것 같아요."

"아냐. 너를 진심으로 사랑해. 사랑하니까 야단치는 거란다."

"그럼 제가 동생을 좀 야단쳐도 될까요? 사랑하는 마음에서 말이죠."

"뭐라고? 그건 아니지."

"그럼 제가 친구들에게 소리 지르고 욕해도 되나요? 좋아하는 마음에서 말이에요."

"……."

결국 제 친구는 입을 다물어야 했다고 합니다.

어른들은 아이를 야단치고 비난하면서 동기는 선량하다고 주장합니다. 또 아이가 잘못했기 때문에 어쩔 수 없이 혼내는 것이라고 정당화합니다. 그런데 말이죠. 아이들도 다 느낍니다. 그게 엉터리 논리라는 걸요. "너를 위해서 그랬다"와 비슷한 종류의 표현은 아주 많습니다.

"너 잘되라고 그랬어. 엄마도 때리기 싫었어."

"너를 사랑하니까 말한다. 무조건 공부만 해."

"다 너 잘되라고 이러는 거야. 그러니까 내 말만 들어."

자녀의 행복과 성공을 비는 그 마음은 절절합니다. 그런데 부모 말만 따르면 정말로 행복할 수 있을까요? 아닐 겁니다. 설사 성적이 올라간다고 해도 무조건 순종하는 아이는 중요한 능력을 잃을 수 있습니다. 삶의 문제를 주체적으로 해결할 능력을 상실하게 되는 것입니다. 삶은 무수한 문제로 이루어져 있는데, 그런 문제를 해결하지 못하고 쩔쩔매는 사람으로 자녀를 키워서는 안 됩니다. 순종이 아니라 자율이 필요한 이유입니다.

또 다른 문제가 있죠. 사실 부모도 행복해지는 법을 모릅니다. 부모 자신도 실패와 시행착오를 겪었고 앞으로도 겪을 것입니다. 부모는 미숙한 존재니까 순종을 강요하는 건 외려 위험합니다. 대신 합심이 필요합니다. "너를 위해서 이러는 거야"라면서 순종을 강요할 게 아니라, 아이와 부모가 머리를 맞대고 상의를 해야 하는 것입니다.

채소를 강권하지 말아야 채소를 먹습니다

제 아이는 어릴 때 김치를 잘 먹지 않았습니다. 브로콜리도 싫어하고 당근은 못 본 척했습니다. 미끌거리는 느낌이 싫어서인지 버섯 반찬은 손에도 안 댔고요. 대신 소시지와 육류는 뜨겁게 애호했습니다. 그래서 저는 아이의 건강을 걱정하지 않을 수 없었습니다.

어느 날, 작심하고 아이를 불렀습니다. 그러고는 아이에게 아주 친절하게 설명했습니다. 채소는 명약이라서 피부를 좋게 하고 암도 예방하며 지능을 높여주는 음식이라고 말이지요. 그러나 헛일이었습니다. 아이의 식성은 전혀 바뀌지 않았어요. 이런 일은 우리나라 거의 모든 가정에서 벌어지곤 하지요. 부모는 아이에게 채소를 먹이려고 애를 쓰고, 아이는 기를 쓰고 채소를 골라냅니다. 때로는 편식하는 아이가 막강한 논리를 펴기도 합니다.

"브로콜리 좀 많이 먹어. 건강에 좋아."

"응."

"시금치나물도 맛있어. 먹어봐."

"알았어."

"넌 왜 소시지만 먹니? 조금만 먹으라고 했잖아. 몸에 좋지 않아."

"엄마. 왜 이렇게 잔소리야?"

"다 네 건강을 위해서 그러는 거지."

"그냥 즐겁게 밥 먹으면 안 돼? 맛있냐고도 물어봐 줘. 여기가 병원이
야? 건강만 따지게."

"뭐? 건강보다 중요한 게 어디 있니?"

"맛있게 먹는 게 더 중요하지. 마음대로 먹게 좀 내버려 둬. 제발."

맞습니다. 맛있게 먹는 것도 중요하지요. 그렇다고 부모의 말이
완전히 틀린 것도 아니죠. 건강도 생각해야 하는 겁니다. 그런데
왜 아이는 부모가 그렇게 매번 강조하는데도 브로콜리와 방울토마
토와 셀러리를 잘 먹지 않을까요? 맛이 없기 때문입니다. 소시지
의 첨가물은 혀끝을 자극하지만 채소의 맛은 전혀 자극적이지 않
습니다. 또 고기의 쫄깃한 식감을 채소가 따라가지 못합니다.

그런데 이런 연구 결과가 있어요. 엄마 아빠가 몸에 좋다고 잔소
리를 하기 때문에 채소가 더욱 맛없게 느껴진다는 것입니다. 이게
무슨 이상한 소리인가 싶지만 과학적으로 해명된 적이 있습니다.

미국의 경제학자인 미칼 마이마랜Michal Maimaran이 2014년 학술지 〈소비자 조사 협회 저널Journal of Consumer Research〉에 발표한 논문이 〈사이언스데일리ScienceDaily.com〉 등 해외 언론의 주목을 받았습니다. 내용을 보니 엄마가 몸에 좋다고 권하면 아이는 그 음식이 먹기 싫어진다는 게 요지입니다.

왜 그럴까요? 음식이 약으로 보이기 때문입니다. 엄마 말에 따르면 우유, 생선, 채소 등은 건강에 이로운 영양제 같은 것입니다. 엄마의 영양학 강의를 들은 후 아이들은 우유에서 고소한 맛을 떠올리는 게 아니라 '영양'을 연상하게 됩니다. 당연히 맛이 없겠죠. 먹기 싫어지는 겁니다. 그래도 엄마가 엄한 표정으로 먹으라고 하니까 억지로 먹습니다. 아이는 얼굴을 찡그리며 우유를 겨우 삼킵니다. 못 먹을 것이라도 먹는 듯한 표정으로 채소를 억지로 씹습니다. 얼마나 괴로울까요? 엄마가 강요할수록 채소에 대한 혐오감은 더욱 커지고 말겠죠.

부모는 자기가 무슨 말을 하는지 모를 때가 많습니다. "이건 건강에 좋은 음식이야"라는 말은 아이의 머릿속으로 들어가서 "이건 맛이 없어"가 되어버립니다. "몸에 좋은데 왜 안 먹니?"는 "맛이 없는데 왜 안 먹니?"와 같은 말이 되죠. 그러므로 사랑하는 자녀에게 몸에 좋은 음식을 많이 먹이려면 건강에 이롭다는 말을 하지 않고 내놓아야 합니다. 또 그 음식이 얼마나 맛있는지를 말로 묘사하는 것도 좋은 방법이라고 하네요. 아울러 엄마 아빠가 채소를 맛나게 먹는 시범을 보이면 아이도 따라서 먹을 확률이 높습니다.

자녀의 현재 식습관 때문에 마음을 너무 졸이지 마세요. 부모가 좀 더 대범해질 필요도 있습니다. 미국의 아동 심리학자 로렌스 스타인버그Laurence Steinberg는 미국의 의학 정보 매체 〈웹엠디 WebMD〉에서 이렇게 말하더군요.

"자녀의 식습관을 심각하게 여기지 말아야 한다고 생각해요. 아이들의 음식 선호는 계속 변화하고 발전할 거예요. 그러므로 야단을 쳐서 식사 시간을 불쾌한 시간으로 만들어서는 안 됩니다. 부모는 건강에 해로운 음식만 안 주면 됩니다. 부모가 정크 푸드를 집에 두지 않으면 아이들은 그런 음식을 먹지 않을 겁니다."

편식하더라도 건강에 아주 해로울 정도가 아니라면 내버려 두는 게 좋다는 이야기입니다. 머지않아 고쳐질 것이라고 기대하면서 말이죠. 대신 몸에 나쁜 음식은 집 안에 두지 않으면 됩니다.

끝으로 좋은 부모가 되는 팁 하나를 더 말씀드릴게요. 좋은 부모가 되려면 조언을 줄여야 한다고 합니다. 미국의 가족 치료 전문가 니콜 슈워츠Nicole Schwarz는 자신의 홈페이지imperfectfamilies.com에서 "부모들은 조언을 줄이는 연습을 해야 합니다"라고 강조합니다. 조언을 줄이는 방법은 아주 쉽습니다. 아이들에게 무언가를 알려주어야겠다는 생각이 드는 순간 입을 닫는 겁니다. 물론 꼭 필요한 조언은 해야겠죠. 문제는 조언의 '남발'과 '반복'이니까요. 특히 반복되는 조언은 간섭입니다. '몸에 좋은 채소를 많이 먹으라'는 조언도 한두 번이면 모를까, 반복되면 성가신 간섭이죠. 역설적이지만 자녀의 건강을 위한 조언을 포기하는 게 자녀의 건강에 더 유익할 수 있습니다.

채소를 권하지 말아야 채소를 먹습니다.

굴욕감을 느끼게 하는 말
"그냥 시키는 대로 해라"

왜 규칙을 따라야 하는지 이해시켜주세요

사회 규범이나 규칙을 어기는 말썽쟁이 아이의 부모는 어떤 사람일까요? 어린 자녀가 제멋대로 행동해도 무책임하게 방관했던 것일까요? 그 반대일 확률도 높습니다. 규칙을 꼭 따르라고 과도하게 압박하면 아이 마음에 반규범적 성향이 자랄 수 있는 거죠. '불량 청소년' 출신의 아빠가 있다고 가정해볼까요? 그는 중학생 때부터 담배를 피우고 술을 마셨습니다. 또 학교도 자주 빠지고 사고를 많이 쳐서 학교보다 경찰서에 더 자주 갔습니다. 아빠가 된 후 그는 청소년기의 탈선을 뼈저리게 후회할 것입니다. 그래서 자신의 아이만큼은 사회 안에서 규칙을 잘 지키게 키우고 싶을 거예요. 아마 이런 말을 자주 하게 되겠죠.

"이유는 묻지 마라. 규칙은 따라야 해."

"그냥 시키는 대로 해라. 토 달지 말고."

규칙에 의문을 품지 말고 무작정 따르라는 말입니다. 한국의 많은 부모가 저런 강압적인 말을 하게 되지요. 아마도 아이가 사회의 규칙을 잘 따르면 탈선 확률도 자연히 줄어들 거라고 생각했던 것 같습니다. 그런데 놀라운 주장을 하나 접했습니다. 아이에게 무작정 규칙을 따르라고 가르치면 오히려 탈선 확률이 더 높아진다는 것이에요. 이상하지 않나요? 아이에게 규칙을 따르라고 가르치면 어째서 더 탈선하게 될까요?

2012년 미국의 심리학자 릭 트린크너Rick Trinkner가 부모의 권위 유형과 자녀의 일탈이 어떤 관계가 있는지 연구해 발표한 논문에 따르면 부모는 두 유형으로 나뉩니다. 먼저 권위적인 부모authoritative parents가 있습니다. 이 타입의 부모는 규칙을 정해놓고 아이가 따르게 합니다. 단, 그 규칙이 왜 필요한지 자녀에게 자세히 설명하는 부류입니다.

반면, 독재적인 부모authoritarian parents도 있습니다. 규칙을 제시하고 무작정 따르라고 명령할 뿐, 왜 따라야 하는지 아이에게 설명을 해주지 않는 유형입니다. 이 타입의 자녀가 일탈하는 비율이 더 높았다고 합니다. 부모가 독재적이면 자녀들은 일단 군말 없이 지시를 따르지요. 정해진 규칙에 맞게 행동합니다. 겉으로는 모범적이죠. 그런데 속은 다릅니다. 이유도 모르고 따르다 보면 규칙이 싫어집니다. 설명도 없이 순종을 요구하는 부모의 권위도 부당해 보일 겁니다. 이런 아이가 자라서 청소년이 되면 사회 규칙도 싫어하게 될 확률이 높습니다. 학교 등 사회 제도의 권위도 인정하지 않게 됩니다. 한마디로 일탈 청소년이 되기 쉽습니다.

어린 시절, 아버지가 무조건 규칙을 따르라고 억압했다면 어린아이의 마음이 어떨까요? 어린아이는 아버지의 권위를 진정으로 인정하며 사랑할 수 있었을까요? 아니요. 아버지의 규칙을 군말 없이 따르면서 굴욕감을 느꼈을 겁니다. 그럼 어떻게 해야 자녀가 거부감 없이 규칙을 따르게 할 수 있을까요?

규칙을 세운 이유를 잘 설명하는 게 아주 중요합니다. 가령 귀가 시간을 정했다면 아이에게 그 이유를 이해시키려 노력해야 합니다. 또 아이가 반론을 제기하면 규칙을 바꿔주는 것도 좋은 방법입니다. 아이가 귀가 시간을 10시로 늦춰달라고 말하면 9시 30분 정도로 조정해주는 것입니다. 아이가 합리적인 이유로 공부 시간을 줄여달라고 요청하면 좀 줄여주면 됩니다. 이렇게 되면 아이 자신도 규칙을 제정한 주체가 되므로 규칙에 대한 존중감이 높아져 규칙을 더 잘 지키게 됩니다.

끝으로 두 부류의 부모 유형을 소개하겠습니다. 아이를 자기 마음대로 뜯어고치려는 부모와, 아이가 본성대로 자랄 수 있도록 아이를 보호하는 부모입니다. 전자는 '목수' 같은 부모이고 후자는 '정

원사' 같은 부모입니다. 미국 심리학자 앨리슨 고프닉은 자신의 저
서《정원사와 목수The Gardener and the Carpenter》에서 이렇게 말합니다.

"나무를 깎는 목수는 하나하나 치밀하게 계획하고 자기 의도에 따라 물
건을 만듭니다. 그러나 부모가 목수처럼 자녀를 기를 수는 없습니다.
자기 마음대로 자르고 깎아서 원하는 모양으로 아이를 만들어내는 것
은 불가능할뿐더러 그런 시도가 아이에게 해롭습니다."

그는 부모가 목수 대신 정원사를 닮아야 한다고 강조합니다. 정
원사는 자신의 정원에서 식물들이 잘 자랄 수 있도록 보살필 뿐입
니다. 풀과 꽃이 자신의 본성에 맞게 알아서 쑥쑥 자랍니다. 부모
는 정원사처럼 자녀가 성장할 수 있도록 환경을 마련해주는 역할
만 해주면 된다는 게 그의 주장입니다. 마찬가지로 규칙을 강제하
지 않고 자녀에게 판단할 기회를 주는 부모는 장미꽃이 알아서 자
라길 기다려주는 정원사와 같습니다.

 저 자신은 어떤 유형의 부모인지 되돌아보게 됩니다. 마음은 정
원사를 꿈꾸는데 때때로 목수의 대패를 손에 쥐었을 겁니다. 친절
한 부모가 되길 소망했으나 가끔 독재자처럼 행동했을 가능성도
있습니다. 그리고 그런 갈팡질팡하는 교육 태도가 아이에게 보이
지 않는 해를 끼쳤을 것이 분명합니다.

규칙을 싫어하는 아이 교육법

1 ― "~하고 나면"이라고 말하기

예를 들어 "숙제를 다 하고 나면 너는 완전히 자유야. 아무런 간섭도 하지 않겠어"라고 약속하는 겁니다. 물론 그 약속은 반드시 지켜야 합니다. 딱 하나의 일만 하도록 하고 그것만 이루면 자유를 주는 겁니다. 부모가 많은 요구를 하면 싫어하지만, 딱 한 가지라면 아이도 흔쾌히 받아줄 것입니다.

2 ― "네가 할 수 있는 일이 있겠니?" 하고 물어보기

가령 "엄마를 돕기 위해 네가 할 수 있는 일이 있을까?"라고 물어봅니다. 아이에게 스스로 할 일을 정하도록 유도하는 말입니다. 이것은 아이가 스스로 규칙을 정하는 것이 됩니다. 자신이 정한 규칙이니까 기쁘게 따를 것입니다.

3 ― "계획이 뭐니?"라고 묻기

"숙제를 언제까지 어떻게 할 계획이야?"라고 물어보는 것이죠. 압박하거나 야단치는 게 아니라 쿨하게 물어보는 태도여야 합니다. 계획대로 되지 않았다고 야단치는 것도 좋지 않습니다. 아이가 스스로 계획을 세우고 따르게 하고 격려만 하면 됩니다. 계획도 규칙의 일종입니다. 계획을 세우고 지키는 아이는 규칙도 존중하게 됩니다.

출처 미국의 교육 전문가 에이미 맥크리디Amy McCready가 교육 정보 사이트positiveparentingsolutions.com에 제시한 방법

반대로 되는 말을 많이 했습니다

CHAPTER 5

두려움 속에 살도록
가르쳤습니다

누구나 자녀를 용기 있게 키우고 싶어 합니다. 하지만 마음만 그렇습니다. 실제로는 아이 마음에 용기는커녕 두려움을 심어주는 부모가 흔합니다. 때로는 부모의 말들이 아이의 마음속에 자라는 용기의 싹을 자르기도 합니다. 왜 그럴까요? 부모가 겁이 많기 때문입니다. 자신이 겁이 많으면 아이도 겁이 많게 키웁니다. 저도 그랬던 것 같습니다. 용기보다는 조심성을 강조했던 것 같습니다. 매일 외쳤습니다. "조심해. 큰일 난다!", "이러면 인생 망쳐!" 등 조심성을 강조하는 말들을 하는 게 아이에게 이롭다고 생각했습니다. 새로운 도전은 말로만 권했지, 실제로는 못 하게 막았습니다. 결국 아이가 두려움 속에 살도록 권장한 셈입니다.

버리겠다고 겁주는 말
"엄마 혼자 간다"

불안한 겁쟁이로 만들지 마세요

저도 그렇지만 많은 부모가 아이에게 겁을 주면서 기릅니다. 아이에게 겁을 주어야 아이가 순종하고 그래야 부모가 편하게 되니까요. 그러나 겁을 주는 말들은 아이에게 상처가 됩니다. "다 그만둘래?" 혹은 "엄마 혼자 간다"가 대표적인 말입니다.

먼저 아이가 학원 가기 싫다고 징징거리는 상황을 가정해보죠. 어떻게 해야 할까요? 아이의 입을 금방 닫게 만들 비법을 알려드릴게요. 설득하는 것보다 효과가 빠를 겁니다. "그럼 다 그만둘래?" 이렇게 협박성 질문을 하는 거예요.

"엄마, 영어 학원 숙제가 너무 많아요."
"많은 거 같더라. 그래도 열심히 해봐. 열심히 하다 보면 너의 미래도 밝아질 거야."

"휴~ 그건 알지만, 숙제가 많아서 쉴 시간이 없어요."

"그래도 참아야지. 다들 그렇게 하잖아."

"그래도 힘들어요."

"그래? 그럼 다 집어치울래? 영어 학원도 수학 학원도 다 그만둘래?"

"아니요. 그건 아녜요……."

아이는 물러섰습니다. 아이는 불안했던 겁니다. "학원 다 집어치울래?"라는 질문은 두 가지 의미로 겁주기 효과가 있습니다.

너에게 모든 학습 기회를 박탈해도 되겠니? (겁주기)

너에 대한 모든 기대를 버려도 되겠니? (겁주기)

부모가 이렇게 겁을 주면 아이는 움츠립니다. 영문도 모른 채 두려워집니다. 아이는 이제 불평하지 않겠죠. 속으로만 괴로워할 것입니다. 부모는 편합니다. 아이가 불평하지 않으니까요. '다 끝내버리자'는 식의 파국 화법은 성인들도 자주 쓰지요. 연인과 친구, 그리고 직장인들이 자주 쓰는 화법입니다.

"너 정말 나 사랑하긴 하는 거야? 이럴 거면 끝내자." (연인이 연인에게)

"이따위로 일할 거면 사표 써." (직장 상사가 부하 직원에게)

"우정 같은 소리 하고 자빠졌네. 너희들 모두 필요 없어."(친구가 친구
에게)

정말 다 끝내겠다는 뜻은 아닙니다. 그럴 수도 있다고 은근히 시
위하는 겁니다. 이렇게 시위를 하면 상대가 긴장하고 순응적으로
나올 확률이 높으니까요. 효과가 좋으니 파국을 경고하는 뜻으로
많이 쓰이는 겁니다. 아이를 상대로 한 파국 화법은 더 있습니다.
부모가 애용하곤 하죠.

"이 장난감 싫어? 이제는 장난감 사달라고 하지 마."
"말 안 들으면 산타 할아버지가 크리스마스 선물 안 줘."
"왜 책을 안 읽니? 책들 전부 갖다 버려야겠다."

장난감과 선물을 안 주겠답니다. 치사한 말들입니다. 부모 입장
에서는 편합니다. 한 마디 위협만 해도 아이들이 군말 없이 따르거
든요. 그러나 아이 입장에서는 박탈의 공포를 느끼게 됩니다. 그리
고 속으로 부모를 싫어하게 되겠죠. 부모가 소중한 것들을 빼앗겠
다고 위협하는데 좋을 리가 있겠어요?
　이제 가장 잔인한 박탈 협박 멘트를 소개할 차례입니다. "널 버
리고 가겠다"가 그것입니다. 어린아이가 가장 사랑하는 사람은 누
구일까요? 바로 엄마입니다. 그러면 가장 무서운 것은 무엇일까

요? 바로 엄마가 자신을 버리는 일입니다. 부모는 이런 두려움을 '활용'하는 말을 자주 합니다.

"이제 집에 가자."

다섯 살 아이는 놀이터에서 이제 그만 놀고 집에 가자는 엄마의 말이 귀에 들어올 리 없습니다.

"집에 가자니까."

아이는 역시 무반응입니다. 엄마는 화가 납니다.

"집에 가자는 소리 안 들려?"

엄마의 언성이 높아진 걸 눈치챈 아이는 잠시 움찔했지만, 다시 놀기에 바쁩니다. 드디어 엄마가 비장의 카드를 꺼냅니다.

"넌 여기서 놀아. 엄마 혼자 간다."

그 순간, 놀란 아이가 후다닥 달려옵니다. 눈물을 글썽이며 아이는 엄마의 손을 꽉 붙잡습니다. 엄마는 겁에 질려 매달리는 아이를 데리고 의기양양하게 집으로 갑니다.

아이가 놀이를 포기하고 달려온 것은 엄마와 헤어지기 싫기 때문입니다. 어린아이에게는 엄마가 세상에서 가장 소중한 존재예요. 또 모든 불행과 위험으로부터 자신을 지켜줄 보호자이기도 하지요. 그런 사람이 자신을 버리겠다고 하면 얼마나 무서울까요? 극단적인 공포를 느꼈기 때문에 엄마에게 달려와 순응했던 것입니다. 그럴 땐 이렇게 말해보면 어떨까요?

"집에 가서 맛있는 거 먹자."
"엄마 이제 피곤하고 힘들어. 부탁이야. 이제 집에 가자."
"좋아. 그러면 지금부터 10분만 더 있다가 집에 가자."

육아는 행복하면서도 고통이 따릅니다. 고통을 줄이려고 부모는 아이에게 겁을 줍니다. 통제가 잘 되니 효과적입니다. 그런데 아이는 두려움에 떨게 됩니다. 나쁜 일이 생기거나 가진 것을 잃지 않을까 무서워하며 아파할 겁니다. 부모가 줄인 고통이 아이에게 옮겨간 셈이네요. 부모 자녀 사이에 '고통 총량 불변의 법칙'이 작동하는 것 같습니다. 부모가 참고 참고 또 참아야 아이가 아프지 않습니다. 상한 속을 견딜 수 없어 소리쳐버리면 잠시 후련하겠지만 아이에게 아픔이 옮겨갑니다. 육아를 해내는 부모는 모두 위대한 희생자입니다. 가슴에 멍이 들지 않은 어머니는 세상에 없습니다.

훈계는 하되 긍정적인 자아를 유지하게 도우세요

'바늘 도둑이 소도둑 된다'는 속담은 몇 명의 인생을 구했을까요? 친구 연필을 훔친 여섯 살짜리 아이 100명이 있다고 가정해봅시다. 별것도 아닌 걸 훔쳤으니 바늘 도둑들입니다. 이때 엄한 어른이 나와서 말합니다.

"바늘 도둑이 소도둑 된다는 속담이 있다. 너희들은 이미 도둑질을 했다. 그러므로 앞으로 너희는 큰 도둑질을 할 가능성이 크다. 범죄자가 되면 너희들 인생은 끝장이다. 그러니 지금부터 항상 조심해야 해."

아이들은 겁에 질릴 겁니다. 모두 범죄자가 될 수 있다는 공포감을 안고 자라겠죠. 100명 중 1명은 실제로 큰 도둑이 될 수도 있었다고 가정해볼까요? 바늘 도둑이 소도둑 된다면서 겁을 준 어른이 그 아이의 인생을 구한 셈입니다. 도둑이 되는 걸 미리 방지했으니까요. 그럼 나머지 99명은 어떻습니까? 여섯 살 때의 도둑질은 나쁜 의도였다기보다는 작은 실수였을 겁니다. 탐욕보다는 호기심의 표현일 수도 있고요. 그런데 99명의 아이는 자신이 잠재적 도둑이라고 생각하고 성인이 될 때까지 낮은 자존감으로 하루하루를 불행하게 살 수도 있습니다.

'바늘 도둑이 소도둑 된다'는 한국인들의 세계관입니다. 우리는 '잘못하면 큰일이 난다'고 생각합니다. 언제 어디서 전쟁이 터질지 모른다는 불안감, 불시에 터지는 재앙에 대한 공포는 공동체적인 불안이 되어 한국인의 기본 정서가 되었습니다. 가령 집에 공부는 하지 않고 놀기만 좋아하는 초등학생 아이가 있다고 가정해봅시다. 책 좀 보라는 부모 말은 귓등으로 흘리고 TV를 보고 게임을 하는 것에만 푹 빠져 있습니다. 이때 부모는 말합니다.

"너 이렇게 살면 인생 망친다."
"너 이러면 진짜 낙오자 된다."

아이는 이런 말을 자주 듣습니다. 의도는 사랑이겠지만 굉장히 무서운 협박입니다. 대재앙이 닥칠 것이라고 겁을 주는 것이죠. 비슷하게 아이의 마음에 공포를 심어주는 화법은 많습니다.

"그런 생각하면 큰일 난다."

"그렇게 행동하면 사회 부적응자 된다."

"그렇게 말하면 모든 걸 잃게 될 거야."

조금만 실수해도 굉장히 무서운 일이 일어난다는 말입니다. 인생을 망치고 큰일이 터지고 소중한 것을 다 잃게 된다는 말이죠. 아이들은 저런 말을 들으면 앞으로의 인생을 비관적으로 생각하게 됩니다. 지금의 작은 실수가 나중에 파국을 일으킨다는 공포가 가슴에 있으면, 그 아이는 큰 꿈을 펼칠 수 있을까요?

그렇다면 부모는 왜 저렇게 말을 할까요? 겁을 줘서 아이를 조종해보려는 것이죠. 아이를 겁쟁이로 만들기 싫다면 아이에게 과장 없이 사실대로 말해줘야 할 것입니다.

a. 그렇게 공부 안 하면 인생 끝이야. 가난하고 비참한 인생을 살게 될지도 몰라.

b. 공부 못한다고 인생을 망치는 것은 아니란다. 하지만 할 수 있는 선에서 열심히 해라. 그러면 인생도 더욱더 편해질 거야.

어느 게 나을까요? a는 겁박입니다. 부모가 흔히 쓰는 수법이죠. 저는 부모라면 b처럼 말해야 한다고 생각합니다. 용감하고 긍정적인 아이로 키우는 말이죠.

c. 친구 물건을 왜 훔쳤니? 너 나중에 도둑 되고 싶어? 감옥에서 인생을 보내게 된단 말이야. 앞으로는 절대 훔치지 마.

d. 친구 물건을 왜 훔쳤니? 친구 물건을 훔치는 건 나쁜 일이야. 하지만 엄마는 네가 나쁜 아이라고 생각하지 않는단다. 실수했다고 생각해. 앞으로 그러지 말아야 해.

c는 아이를 공포로 몰아넣고 있고 d는 공포감 없이 훈계하고 있습니다. 어느 쪽이 효과가 좋을까요? c가 효과가 높다고 말할 분들도 있을 겁니다. 저도 과거에 그렇게 생각했으니까요. 그러나 이제는 d가 낫다고 생각합니다. 아이에게 완전히 겁을 줘서 단번에 버릇을 고치겠다는 성급함을 버려야 합니다. 또한 아이를 바로잡기 위해서는 상처를 줘도 된다는 잔인한 생각도 접어야 합니다. d처럼 겁을 주지 않고 설득하는 게 더 평화적입니다. 여러 번 말하고 설득하면 효과도 높아질 겁니다. 잘못에 대해 훈계는 하되, 계속 긍정적인 자아를 유지하도록 돕는 것이 좋습니다.

부모는 아이가 용기를 갖고 당차게 미래를 살아나가길 바랍니다. 미래를 두려워하지 않고 도전을 기피하지 않는 성격이 건강합니다. 내 아이가 그런 모습으로 자라길 바란다면 "이러면 나중에 큰일 난다"라는 말부터 우리 마음속에서 삭제해야 합니다.

경고는 하되 해결할 수 있다는 믿음을 주세요

아이에게 세상은 위험합니다. 쌩쌩 달리는 차, 높은 곳, 뾰족한 식탁 모서리 등 주변에 위험이 가득합니다. 또 하루가 멀다 하고 뉴스에 나오는 범죄자들만 봐도 세상은 흉흉하기 짝이 없습니다. 아이의 바로 주변 곳곳에 위험이 도사리고 있지요. 부모는 걱정스러운 마음에 이렇게 말합니다.

"너무 위험해. 안 돼!"

"항상 조심해야 해."

"그러면 안 돼. 다친다."

"모르는 사람은 눈길도 주지 마."

아이의 안전을 위해 꼭 필요한 말입니다. 그러나 염려가 지나치면 해롭지요. 아이에게 불안을 심어줄 수 있기 때문이죠. 아이의 불안을 키우는 가장 강력한 말은 "위험해"입니다. 그 말에는 아이들을 벌벌 떨게 만드는 경고들이 함축되어 있습니다.

> **세상은 아주 무서운 곳이야. 긴장 풀지 마. (긴장감 유발)**
>
> **조금만 잘못하면 크게 다칠 수 있어. 조심해. (불안감 조성)**
>
> **새로운 시도는 안 돼. 가만히 있어. (도전 의욕 박탈)**

세상이 위험하다고 믿게 되면 아이는 불안감에 휩싸여 살게 됩니다. 인생이 불행해지는 것이죠. 사회적 성공도 기대하기 힘들 거예요. 낯선 사람들을 두려워하는 아이는 유능한 사회 구성원으로 살아갈 수 없게 됩니다. 또 새로운 시도를 꺼리면 회사에서 인정받을 기회도 놓치게 되죠. 부모가 세상이 위험하다고 경고할수록 아이들은 그렇게 불행하고 무능해지는 것입니다. 그렇다고 위험을 경고하지 않을 수는 없습니다. 세상이 위험한 것도 사실이니까요. 그럼 어떻게 해야 할까요? 위험 경고를 하되 자녀에게 악영향이 적도록 해야 합니다.

> **"위험해." → "조심해서 해봐."**

"위험해" 대신 "조심해서 해봐"라고 말하는 것입니다. 조심하면 위험하지 않고 괜찮다고 안심을 시켜주는 말입니다. 조심시키되 아이를 위축시키지 않으니 좋은 표현입니다. 저의 경우에는 "위험해"보다는 "그러지 마"라는 말을 많이 했던 것 같습니다. 아이가 어떤 위험한 행동을 하려는 순간, 급히 막는 말입니다. 아이를 기르면서 도대체 몇 번이나 그 말을 썼을까요? 줄여서 잡아 하루에 세 번이라고 해도 일 년이면 천 번이 넘는 것이고 십 년이면 만 번 넘게 했겠네요. 아이의 머리에 "그러지 마"를 만 번 넘게 반복 주입한 것입니다. 다 큰 아이가 새로운 시도를 꺼리고 뭐든 자신 있게 선택하지 못하는 모습을 보면 그때의 제 모습이 괜히 후회됩니다. 그때 이렇게 말했어야 합니다.

"그러지 마!" → "천천히 해봐."

하지 말라고 막는 것이 아니라 조심조심 그리고 천천히 시도해보라는 말을 해야 했습니다. 그랬다면 제 아이가 조금 더 적극적이고 용감해지지 않았을까요?

어린이 불안증 분야에서 권위 있는 미국의 심리치료사 린 라이언스Lynn Lyons가 저서 《불안한 아이들, 불안한 부모들Anxious Kids, Anxious Parents》에서 설명한 바에 따르면, 불안한 부모가 아이를 불안한 성격으로 키울 확률이 6~7배 높습니다. 그러므로 자신이 불안이 많은 성격이라면 더욱 주의해야 아이에게 나쁜 영향을 끼치지 않습니다. 그렇다면 어떻게 주의해야 할까요? 먼저 부모가 불

"위험해" 대신 "조심해서 해봐"라고 말하는 것입니다

안감을 여과 없이 드러내는 말을 하지 말아야 합니다.

> a. 내일 취업 면접인데 너무 불안해. 취소해야겠어.
> b. 내일 취업 면접이라 불안해. 하지만 불안한 게 당연하잖아. 난 잘 극복할 거야.

a처럼 불안감 때문에 도망치는 모습을 보여서는 곤란하죠. 자녀 앞에서는 b처럼 말하는 것이 좋습니다. 또 무서운 상상의 표현을 자제하는 것이 좋습니다. 가령 아이가 나무에 높이 올라갔다고 가정해봅시다. 부모는 두 가지 유형의 말을 할 수 있습니다.

> a. 안 돼. 너무 높아. 큰일 나. 떨어지면 뼈가 부러지고 병원에 입원해야 해. 내려와!
> b. 높이 올라갔네. 조금만 내려올래?

자녀가 조금만 위험한 상황에 놓여도 부모는 큰일이 날 거라는 상상을 하고 그 무서운 상상을 표현해버리는 경우가 많습니다. 그런 표현은 아이를 불안하게 만들 수밖에 없습니다. 따라서 불안함이 느껴지더라도 표현은 절제하도록 노력해야 합니다. 상상은 다 삭제해버리고 b처럼 말해야 자녀에게 유익합니다.

이번에는 몸이 안 좋은 아이가 엄마에게 "학교에서 토하면 어떡해요?"라고 묻는 상황입니다. 아이는 내일이 아주 불안한 것입니다. 엄마는 뭐라고 답해야 할까요?

> a. 걱정하지 마. 그런 일은 없을 거야.
> b. 괜찮을 거야. 그리고 혹시 토하더라도 큰일이니? 치우면 되지 뭐. 선생님께서도 도와주실 거야.

a도 나쁘지 않지만 b가 더 낫습니다. 실제로 나쁜 일이 일어나더라도 해결할 수 있다는 믿음을 줘야 합니다. 또한 위험을 알릴 때는 부드러운 어조를 유지하는 것이 자녀의 불안을 줄여줍니다. 난이도가 지나치게 높은 주문으로 들릴 수도 있습니다. 불안한 마음을 자유자재로 조절하면서 자녀를 가르치고 보살피는 건 슈퍼우먼에게나 가능할지 모릅니다. 그래도 노력은 해보면 어떨까요? 부모의 좋은 말 한마디가 아이 마음의 불안을 없앨 수 있습니다. 말 한마디로 자녀의 마음을 밝게 할 초능력 같은 힘이 모든 부모에게 있습니다.

용감한 아이로 키우는 법

1 — 자녀의 두려움 이해하기

자녀가 두려워한다는 사실을 인정하고 이해해야 합니다. "무서워할 거 없어"라고 말하면 자녀의 두려움을 부정하는 거예요. "무슨 일이 날까 봐 무섭구나", "그 일 때문에 겁이 나는구나"라고 말해야 해요. 엄마가 두려운 감정을 인정하고 이해해 주면 아이가 편안해집니다.

2 — 올바른 정보 주기

아이는 잘 모르는 것이거나 잘못 알고 있는 경우에 무서움을 느낄 수 있습니다. 그럴 땐 올바른 정보를 알려주면 괜찮아집니다. 가령 침대 밑에 유령이 있다고 겁에 질린 아이에게는 유령이 없다고 친절히 설명해주면 공포감이 없어지고요. 학교를 두려워하는 아이에게는 화장실 위치 등을 알려주고 등굣길을 함께 걸으면서 익숙해지게 도우면 됩니다.

3 — 신뢰하기

부모가 아이를 믿어주면 아이는 용기가 생깁니다. "이 일은 너에게 너무 어려워"는 좋지 않은 표현입니다. "이 일은 어렵지만 너는 할 수 있을 것 같아"라며 믿어주고 도전을 유도하는 쪽이 좋은 표현입니다.

출처 미국 임상심리치료사 에일린 케네디-무어Eileen Kennedy-Moore가 미국 공영 방송 PBSpbs.org에
제시한 방법

4 — 차근차근 도와주기

아이의 속도에 맞춰 천천히 차근차근 도와주면 좋습니다. 가령 아이가 태권도에 관심이 있는데 두려워한다면 먼저 태권도 영상을 유튜브에서 보여줍니다. 그리고는 태권도 도장에 같이 놀러 갑니다. 다음으로는 사범님과 인사도 시킵니다. 그 단계를 며칠에 걸쳐서 서서히 익숙하게 만들면 두려움이 줄어들고 용기는 커질 것입니다.

CHAPTER 6

아이의 외모 고민을
악화시켰습니다

이 세상은 외모에 병적으로 집착하고 내면의 아름다움에는 거의 무관심합니다. 예쁘거나 잘생긴 사람들을 껍데기만 보고 숭배하곤 하지요.

부모가 되면 내 자식이 외모 때문에 고통받지 않기를 간절히 바랍니다. 잘난 얼굴의 연예인이나 껍데기만 번지르르한 일반인에게 현혹되지 않기를 기도합니다. 외모로 못된 친구들의 놀림을 받지 않기를 원합니다. 무엇보다 자신의 외모를 스스로 혐오하는 일만은 절대 없어야 하겠지요. 그런데 문제는 부모가 되어도 외모 중독 사회로부터 자녀를 보호하는 방법을 잘 모른다는 겁니다. 도리어 부모 자신이 아이의 외모 고민을 악화시키기도 합니다. 이 챕터가 어렵고 복잡한 외모 이슈를 일거에 해결할 방법을 제시하지는 못합니다. 그러나 자녀의 외모에 대한 부모의 나쁜 평가를 줄이는 계기가 될 수도 있을 거예요.

자녀 외모를 악평하면 실례입니다

제 친구는 아들의 바지 스타일링 습관 때문에 오랫동안 고민했습니다. 친구의 아들은 이제 막 중학생이 되어 그 나이 또래가 으레 그러는 것처럼 몸에 딱 붙어서 체형을 또렷하게 드러내는 옷을 좋아했습니다. 그 아이는 그런 스타일이면 자신이 세련되어 보인다고 생각했을 거예요. 하지만 그 아이는 적잖게 토실토실했습니다. 보통은 마른 아이들이 꽉 끼는 바지를 입지요. 친구는 말을 해야 하나 말아야 하나 오랫동안 망설였습니다. 그러던 어느 날, 친구가 드디어 아들에게 한소리를 했다고 합니다.

"너 그게 뭐냐? 넌 딱 붙는 바지를 입으면 더 뚱뚱해 보여."

아들 입장에선 마른하늘에 날벼락 같은 소리였을 겁니다. 적잖게 충격받은 표정이었다고 합니다. 그 후 아이는 펑퍼짐한 바지만 입고 다녔습니다. 그런데 친구는 그 후 아이에게서 깊은 절망을 느꼈다고 하더군요. '꾸며봤자 소용없다'고 생각하며 자포자기하고 만 것입니다.

제 친구는 아이의 외모에 대해 직설적으로 악평을 했습니다. 다른 아이들로부터 비웃음거리가 될지도 모른다고 걱정해 미리 나섰던 것입니다. 그런데 부모의 악평이 아이에게는 더 큰 충격이었습니다. 깊은 좌절에 빠뜨렸죠. 제 친구는 내가 왜 그랬을까 하며 뒤늦게 후회했다고 합니다. 그러나 아이의 마음은 벌써 상처를 입어버렸습니다. 우리 사회에는 이렇게 자녀의 외모를 직설적으로 비하하는 부모가 분명 존재합니다. 진심은 아니겠죠. 안타까운 마음의 표현입니다. 그러나 자녀의 외모를 깎아내리는 말을 반복하면 자녀 스스로가 자신을 비하하게 될 수도 있습니다. 한 지인의 사례를 또 하나 보겠습니다.

"참 못났다. 우리 딸, 너무 못났다."

"……."

엄마는 내가 못생겼다는 말을 자주 했습니다. 어린 나는 아무 말도 못했죠.

"이렇게 못나서 어떻게 하지? 시집이나 갈 수 있을까?"

"……."

나는 부정하고 싶었습니다. 나는 내가 못생기지 않았고 예쁘다고 반박하려 했습니다. 하지만 말이 입 밖으로 나오지 않았습니다. 그러던 나는 커서 이상한 일을 겪었습니다. 세상 사람들 모두가 엄마처럼 말한다고 느껴질 때가 있었거든요. 모두가 내게 이렇게 말하는 것 같았습니다.

"당신은 참 못났군요. 결혼이라도 할 수 있을까요?"

물론 사람들이 실제로 내게 그렇게 말한 건 아닙니다. 어렸을 적 부모에게 받은 피해 의식 때문일지도 모르지요. 거울 속 나를 보고 있으면 더 이상한 일이 일어납니다. 내가 거울 속의 나에게 말을 걸고 있습니다.

"나는 참 못생겼다. 못나도 너무 못났다."

"나는 나를 사랑할 수 없을 거야."

어렸을 적 들었던 엄마의 혹독한 말을, 어느새 내가 나 자신에게 똑같이 하고 있습니다. 엄마의 말이 나의 내면이 된 것입니다.

엄마가 습관적으로 내뱉었던 말 때문에 딸은 정말로 자기 얼굴이 못났다고 믿게 되었습니다. 주변에서 수군거리는 느낌도 듭니다. 혼자 있을 때는 머릿속에서 '못생겼다'고 놀리는 자신의 목소리가 들려옵니다. 극단적 사례 같겠지만, 사실 이런 사례는 드물지 않습니다. 대중 심리학에 '내면의 목소리inner voice'라는 개념이 있습니다. 어떤 행동이나 말을 하려는 순간 마음속에서 "하지 마. 위험해", "넌 외모가 형편없어, 나서지 마" 등의 말이 들린다는 겁니다. 그런 부정적인 내면의 목소리가 머릿속에 자꾸 떠오르면 자기도 모르게 소극적이게 됩니다.

이 내면의 목소리는 어떻게 생겨날까요? 보통 어릴 때 자신을 양육해준 사람의 말이 내면에 자리 잡게 된다고 합니다. 즉 엄마나 아빠가 칭찬을 많이 해주면 칭찬의 말이 아이의 마음속에 저장되어 평생 힘을 주는 겁니다. 반대로 아이의 자존감을 해치는 말을 자주 하면 그 말들이 부정적인 내면의 목소리가 되어 평생 아이를 괴롭힙니다. 아이를 괴롭히는 부정적인 목소리는 다양합니다.

"난 무능해. 노력해봐도 소용없어."
"난 매력이 없어. 애인을 꿈꾸지도 말아야 해."
"난 멍청해. 쓸모없어."
"난 뭔가 문제가 있어."
"다 내 잘못이야."

부모의 부정적인 평가 중에서도 자녀 외모 비판은 특히 나쁩니다. 평생 상처가 되니까요. 예를 들어 세상에서 가장 소중한 존재인 엄마가 그런 말을 한다면 그 말은 자녀의 가슴에 남아 반복 재생될 가능성이 높습니다. 또 나름 신경 써서 외모를 꾸몄는데도 더 뚱뚱해 보인다고 부모가 혹평하면 아이는 평생 꾸미기를 포기할 수도 있습니다. 영국의 심리학자 일로나 보니웰Ilona Boniwell 박사가 한 심리학 매체psychologies.co.uk에 기고한 글을 봤더니 이렇게 말하더군요.

"어떻게 생겼느냐는 중요하지 않아요. 어떻게 느끼는지가 중요합니다."

실제 생김새는 아무래도 좋습니다. 중요한 건 내 얼굴에 대한 내 생각입니다. 우리가 말하는 '외모'란 주관적인 문제인 것이죠. 이목구비의 공간적 배치보다는 외모에 대한 주관적 자기 평가가 더 중요한 것입니다. 살이 좀 찌고 이목구비가 덜 준수하더라도 자신감을 가지면 외모는 조금도 문제가 안 됩니다.

특히 청소년기 때 아이의 외모를 비하하는 말은 절대 금기입니다. 뚱뚱한 아들이 스키니 바지를 입건 말건 부모는 아이의 외모에 대해 부정적 평가를 할 자격이 없는 겁니다. 또 딸의 외모에서 마음에 들지 않는 구석이 있다고 하더라도 엄마가 함부로 발설하면 큰 실례입니다. 이처럼 부모가 자녀의 외모에 대해 평할 수 있다는 생각 자체가 오만이지 않을까요?

매력에는 외모 외적인 것들도 있음을 알려주세요

많은 부모가 자녀의 외모를 과장되게 칭찬하면서 키웁니다. 가령 딸에게는 세상에서 가장 예쁘다고 말해주죠. 딸은 그런 말을 믿고 자라다가 학교에 가면 혼란스러워집니다. 더 예쁘다고 평가받는 친구들이 꼭 나타나기 때문입니다.

"아빠. 내가 정말 예뻐?"

"그럼~ 내 딸이 세상에서 제일 예쁘지."

"나한테 안 예쁘다고 하는 애들도 있어."

"누구야? 바보 같은 말에 신경 쓰지 마."

"친구들은 다연이가 훨씬 예쁘다고 말해."

"아니야. 우리 딸이 제일 예뻐."

"정말이야?"

"아빠 눈에는 네가 최고야!"

"아빠 눈에만 그래. 다른 아이들 눈에는 안 예쁜 것 같아."

"(당황한 표정으로) 아냐. 힘내. 우리 딸 화이팅!"

뭘 힘내라는 걸까요? 딸은 아빠의 애처로운 응원이 무의미하다는 걸 압니다. 또 아빠에게는 자신을 응원할 논리가 없다는 걸 곧 간파하고는 홀로 괴로워할 것입니다.

부모가 "우리 딸이 제일 예뻐" 혹은 "우리 아들이 제일 잘생겼어"라고 칭찬하는 이유는 분명하죠. 부모 눈에는 정말 그렇게 보이니까요. 주관적으로는 내 자식이 세계 최고의 미남, 미녀가 될 수밖에 없습니다. 그런 과장된 칭찬은 아이가 아주 어릴 때야 특별히 해로울 게 없죠. 유치원에 다니는 아이들이 외모 평가를 하면서 서로를 괴롭히는 일은 아직 없으니까요. 그런데 아이가 초등학교 고학년쯤이 되면 사정이 달라집니다. 아이들이 서로를 비교하고 결국 우열이 가려지기 때문입니다. 이제 준수한 외모를 가진 소수 빼고는 대부분이 외모 문제로 괴로움을 겪기 시작합니다. 이럴 때 부모가 어떻게 조언하고 설명을 해줘야 이 외모지상주의 한국 사회에서 우리 아이가 상처를 덜 받게 될까요?

기업인 노희영 씨가 한 TV 프로그램에서 소개한 사례를 예로 들어보겠습니다. 노희영 씨는 어린 시절을 이렇게 회고했습니다.

내가 처음 태어났을 때 너무 못생겼더래요. 머리도 그렇게 좋지 않았어요. 동생이 태어났는데 얼굴이 아주 예뻤어요. 게다가 머리도 좋았어요. 나는 열등감에 시달릴 수밖에 없었죠. 그런데 엄마가 말씀해주셨어요. "처음 만나면 동생이 훨씬 예쁘다. 그러나 이야기를 하다 보면 네가 더 매력적이다. 그러니 사람들이 처음에 동생을 더 좋아해도 너무 상심치 마라." 나는 그 말을 듣고 서서히 콤플렉스를 극복할 수 있게 되었어요.

놀랍도록 현명한 엄마의 조언입니다. 이 사례 속 위로의 내용을 분석하면 뼈대가 셋입니다.

① 네가 제일 예쁜 것은 아니다.

② 그런데 네가 동생(미녀)보다 매력이 있다.

③ 예쁘다는 평가를 받지 못해도 상심치 마라. 이야기를 나눠보면 네가 더 매력적이니까.

①은 현실 인정입니다. ②는 보이지 않는 매력을 강조합니다. 동생의 잘난 외모를 꺾을 매력이 너에게 있다고 알려줍니다. ③은 상처받지 않을 방법입니다. 사람들이 네 외모를 높이 평가하지 않겠지만 넌 충분히 매력적이니 미리 알고 상처에 대비하라는 가르침입니다. 매우 좋은 조언입니다. 기억했다가 외모 고민에 빠진 자녀에게 말해주면 큰 위로가 될 것 같습니다.

그런데 똑똑한 자녀가 "그렇다면 나에게 어떤 매력이 있어?"라고 추가로 물을 수 있습니다. 아주 중요한 질문입니다. 부모 노릇

"너는 아주 현명해. 어려운 일도 잘 해결해."

은 쉽지 않습니다. 영어 단어 외우듯 공부를 해야 합니다. 아래에 소개하는 매력의 종류를 숙지하고 자녀에게 어울리는 걸 골라 말해주셔도 좋을 것 같습니다.

> "너는 아주 현명해. 어려운 일도 잘 해결해."
> "너는 남의 마음을 잘 읽어. 포근한 사람이야."
> "너는 창의적이야. 친구들이 감탄하잖아."
> "너는 재미있는 이야기를 잘해. 같이 있으면 즐거워."
> "너는 감성이 풍부해. 슬픔과 기쁨을 잘 느껴. 얼마나 매력적인데."

또 뭐가 더 있을까요? 찾아보면 칭찬거리를 더 많이 찾으실 수 있을 겁니다. 물론 부모님이 한두 마디 한다고 해서 자녀의 외모 콤플렉스를 씻은 듯이 치유해줄 수는 없습니다. 그래도 방향을 잘 잡아주고 용기를 주면 큰 도움이 되겠죠.

아이는 외모지상주의가 판을 치는 혹독한 세상을 살아가야 합니다. 어떻게 하면 아이에게 힘을 줄 수 있을지 부모는 고민스럽습니다. 어떤 부모는 아이 손을 잡고 성형외과로 달려갑니다. 굳이 원한다면 그것도 방법이겠죠. 하지만 성형수술로 만드는 외모보다 더욱 강력한 것이 있습니다. 자녀에게 친절, 꿈, 따뜻함, 세심함, 자신감 등 눈부신 매력이 있다고 일깨워주면 좋을 거예요. 자존감을 높인 아이들이 이 거친 세상을 살아갈 큰 힘을 얻게 될 테니까요.

외모 호기심을 인정해주지 않는 말
"어린 게 외모에 너무 신경 써"

어느 정도는 허용해주세요

10대 아이들은 외모에 집착하는 경우가 많습니다. 온종일 거울 앞에서 머리를 올렸다가 내렸다가 혹은 이 옷을 입었다가 저 옷을 입었다가 하며 긴 시간을 보냅니다. 특히 아이가 청소년기가 되면 거울을 보다가 새로운 여드름을 몇 개 발견하고는 외마디 소리를 지르거나 교복도 이상하게 줄여 입기 시작하고 쥐가 파먹은 것처럼 앞머리를 자르고 와서는 아주 자랑스러워하기 일쑤이지요. 그렇게 일분일초가 아까운 그 귀중한 시간을 거울 앞에서 흘려보내는 것을 보면 부모는 속이 터집니다.

"쪼끄만한 게 몇 살이나 되었다고 벌써 외모에 그렇게 신경을 쓰니?"
"외모 치장에 신경 쓸 시간이 있으면 공부를 해라."

공부는 안 하고 헛바람이 들었다고 한심해하는 말입니다. 그러나 아마 부모도 청소년기를 돌이켜 생각해보면 외모에 신경을 많이 썼을 거예요. 그 때문에 어른들로부터 잔소리도 많이 들었을 거고요. 그런데 그 아이가 자라서 부모가 되면 과거는 삭제되었다는 듯이 자녀의 외모 집착을 꾸짖습니다.

그러나 청소년기 아이는 어리지 않습니다. 어린아이를 이미 벗어났어요. 몸만 봐도 이젠 어른에 가까운 존재입니다. 그리고 어른 중에도 외모에 신경을 아예 쓰지 않는 사람은 거의 없지요. 화장품이 화장대에 가득하고 옷을 사고 머리를 하며 치장하는 데 큰돈을 씁니다. 그러니 어른에 근접한 존재인 청소년도 그러고 싶은 게 당연합니다. 따라서 '어린 게 외모에 너무 신경 쓴다'는 말은 부당하게 차별적인 핀잔이 됩니다.

어쩌면 청소년이기 때문에 외모가 더욱 신경 쓰일 수도 있어요. 과학자들은 타인의 시선에 가장 민감한 때가 바로 청소년기라고 말합니다. 마치 자신을 무대에 올라가 있는 주인공처럼 생각하는 때인 셈이죠. 이 시기의 아이는 스포트라이트가 오직 자신만 비춘다고 생각합니다. 심지어 자신의 발걸음 소리마저도 모든 사람에게 들린다고 생각하죠. 사람들이 다 자신을 주목하고 있다고 생각하고 이미 자신을 '우주 대스타'라고 믿는 게 바로 청소년기인데, 외모에 무관심하려야 할 수가 없는 시기이죠.

물론 외모에 신경을 쓰지 않고 온전히 공부에 몰두하는 모범생들도 있습니다. 하지만 대부분은 외모 치장에 온 정신을 빼앗깁니다. 이런 아이에게 어른의 지적은 무의미합니다. "어린 게 뭐 그렇게 외모에 신경 쓰니?"라고 말해봐야 부모와 자식의 사이만 나빠집니다. 그렇다면 차라리 인정해주는 것이 어떨까요?

외모에 대한 관심은 청소년기의 특징이자 권리라고 인정해주면 좋을 것 같습니다. 그 나이에는 여드름 하나가 수박만 하게 보이는 게 당연하다고 공감까지 해주면 더욱 좋고요. 동조하고 응원해주는 것입니다. 가령 거울 앞에서 머리를 만지는 아이에게는 핀잔 대신에 이렇게 말하면 됩니다.

"아주 멋있게 꾸몄네."
"우리 딸, 오늘 뷰티풀!"

당연히 쉽게 나올 것 같지 않은 말입니다. 그러나 막을 수 없는 운명에 순응하듯 아이의 '치장 권리'를 인정해주고 받아들이면 응원이 나올 수도 있겠죠. 응원의 결과는 놀라울 겁니다. 인정받은 아이는 행복해지고 가족은 오랜만에 화목해지겠죠.

그렇다고 이 치장에 대한 관심을 무한정 허용할 수는 없습니다. 부모는 허용과 한계의 기준을 정하고 아이에게 이를 균형 있게 제시해줄 필요가 있습니다. 아이가 입은 옷이나 머리 염색의 한계, 그리고 치장 시간 등을 합의를 통해 정하면 좋습니다.

TV 앞에서도 부모가 할 일이 있습니다. "저 배우는 아주 날씬하다" 또는 "저 아이돌은 정말 잘생겼다" 같은 말은 아이에게 해롭습니다. 또 "저 여자 개그맨은 못생겼고 저 남자 개그맨은 하마 같다"며 낄낄거리는 것도 좋지 않습니다. 외모지상주의에 동조하는 말이기 때문입니다. 대신 이렇게 말하는 것이 더 낫겠지요?

"저 배우는 코가 낮고 입이 커도 매력 있다."
"저 걸 그룹은 다 말라서 건강한 느낌이 아니네."
"저 배우는 살이 좀 찌니까 더 예쁘네."

미에 대한 통념에서 살짝 벗어난 말들인데 억지는 아닙니다. 사실 가느다란 몸과 뾰족한 얼굴만 예쁜 게 아닙니다. 둥근 얼굴에 작은 눈에 넉넉한 몸매여도 인기를 끄는 사람들이 TV나 현실에 아주 많지 않나요? 자녀에게 그런 사실을 알려주세요. 마음이 더 튼튼해질 거예요.

스트레스를 유발하는 잔소리
"많이 먹으면 살찐다"

당당하게 먹게 하되 절제를 유도해주세요

제 친구 중에 체중이 많이 나가는 친구가 있었습니다. 그 친구의 자녀 또한 평균 체중을 훨씬 웃돌았는데 친구가 매일같이 잔소리를 했다고 합니다. "많이 먹지 마라. 나처럼 뚱뚱해진다." 아이는 스트레스를 받았고 급기야 엄마 아빠 몰래 음식을 먹기 시작했다고 합니다. 먹는 것이 죄짓는 행동이라도 되는 듯 생각하게 된 것입니다. 또 식탐을 절제하지 못하는 자신을 창피한 존재라고 판단했을지도 모르죠. 자신의 의지가 아니라 뚱뚱한 부모가 물려준 유전자가 진짜 원인일 수 있는데도 말입니다. 친구는 돌이켜보니 자신의 잔소리가 오히려 아이의 죄의식만 길렀다고 후회했습니다. 아이는 그런다고 체중이 줄지도 않는데 말입니다.

미국의 건강 잡지 〈헬시 유타healthy-utah.com〉의 2016년 기사 중

미국 코네티컷대학교의 브라이언 원싱크Brian Wansink 교수가 주장하는 바에 따르면, 긍정적인 말이건 부정적인 말이건 자녀 체중에 대해서 이야기를 하는 것은 자녀에게 나쁜 영향을 줍니다.

'너는 살쪘다'라는 부정적 말을 자주 하면 아이가 무리한 다이어트를 시도할 것입니다. 무리한 다이어트는 보통 실패하기 마련이죠. 살쪘다는 주변의 잔소리까지 들으면서 다이어트를 이어가면 자포자기하고 폭식에 빠져서 체중이 오히려 두 배로 늘어나는 불상사가 일어날 수도 있습니다. 그렇다면 두 가지 부류 중에서 어느 쪽이 나을까요? 먼저 자신의 체형에 만족하면서 행복하게 사는 사람들이 있습니다. 반대로 항상 열등감에 시달리며 다이어트약을 달고 살며 괴로워하는 사람도 있습니다. 제가 보기에는 건강을 해치지 않는 선에서 체중을 적당히 관리하면서 행복하게 사는 것도 전혀 나쁘지 않습니다. 또 어느 쪽을 선택하건 개인의 자유입니다. 그런데 우리 사회는 이상하게도 조금만 살이 쪄도 다이어트를 강요하곤 하죠. 예의 없이 압박하고 간섭합니다.

그러면 "너는 날씬해서 예뻐"와 같은 긍정적 평가는 어떨까요? 이 역시 해로운 표현입니다. 날씬해서 예쁘다는 건 뒤집어 말하면 살찌면 흉하다는 말입니다. 날씬하다는 평가를 받은 아이들은 체중이 늘까 봐 늘 노심초사합니다. 또 현재 체중을 유지하거나 더 줄이려고 애를 쓰게 됩니다. 심하면 음식 섭취를 거부하는 '섭식 장애'를 겪기도 합니다. 그러므로 "날씬해서 예쁘다"라는 칭찬에도 독이 들어 있는 겁니다.

아이에게는 "살이 쪄서 보기 싫다"도 "살이 쪄서 예쁘다"도 유해합니다. 그럼 부모는 어떻게 말해야 할까요? 그냥 외모에 대해서는 말을 하지 않으시면 됩니다. 특히 자녀의 체중에 대해서는 함구하는 겁니다. 좋은 말도 나쁜 말도 하지 않습니다. 대신 건강에 좋지 않고 뚱뚱하게 만드는 음식은 갖다 버리고 건강식을 냉장고에 채워 넣으면 좋습니다. 나아가 부모가 먼저 운동을 열심히 하고 건강한 생활을 하면 아이에게 좋은 롤모델이 됩니다.

그런데 잔소리 간섭보다 더 나쁜 것이 있습니다. 자신의 체형에 대한 불만이나 열등감을 표출하는, 부모의 '자기 외모 비하'입니다. 이런 표현은 아이에게 특히 더 해롭습니다.

"나 요즘 왜 이렇게 살이 쪘지?"

"왜 이렇게 뚱뚱해 보이지? 살을 빼야겠어."

엄마가 자녀 앞에서 저런 말을 하는 상황을 가정해볼까요? 엄마는 아이에게 가장 영향력이 큰 존재입니다. 이 대화에서 엄마는 자기 몸을 비하하면서 자신도 모르게 아이를 세뇌하고 있습니다. 체중이 느는 것은 부끄러운 일이라고 말입니다. '살찐 몸은 흉하다'는 편견을 아이에게 심어주는 꼴입니다. 즉, 외모에 대한 열등감과 편견이 대물림되는 것이죠.

2015년 미국 노터데임대학교의 레베카 모리시Rebecca A. Morrissey 교수는 자녀의 외모 비관을 막기 위해서는 부모의 '도전'하는 자세가 필요하다고 말했습니다. 부모가 이상적인 몸매가 아니어도 외모지상주의에 전면적으로 맞서는 당당한 모습을 보여야 한다는 것이죠. 어려운 일이 아닙니다. 예를 들어 이렇게 말하면 되겠죠.

"엄마가 배가 나왔다고? 맞아. 그래도 괜찮아. 나는 아무렇지도 않아."
"살찌면 시집 못 간다고? 까짓거 살이 쪄도 나만 사랑해주는 사람을 만나면 돼."

'살쪘지만 흉하지 않다'고 말하는 엄마는 당당합니다. 엄마는 자기 몸을 비하하지 않습니다. 또한 마른 몸이 아름답다는 세속적 편견에 도전합니다. 이런 멋진 태도를 보면 자녀도 용기 충만할 것 같습니다. 외모에 대한 건강한 시각을 얻어서 혹시 몸에 대한 열등감이 있어도 훌훌 떨쳐버릴 수 있을 겁니다.

물론 과식을 무조건 허용할 수는 없겠죠. 적절한 타협이 효과적일 것 같습니다. 가령 체중 고민을 하는 아이에게 먹고 싶은 것은 무엇이든 당당하게 먹되 양을 조금 줄이도록 유도하는 건 어떨까요?

자녀를 외모 고민으로부터 지켜주는 법

1 — 절대 부정적 평가를 하지 않기

안타깝다고 자녀의 외모를 헐뜯는 이상한 부모님들이 있습니다. "우리 아들은 코가 너무 못생겼어"라고 하며 아쉬워합니다. 그러면 아들은 자존감에 치명타를 입습니다. 장난이라도 자녀의 외모를 비하하면 안 됩니다.

2 — 절대 과잉 칭찬도 하지 않기

어린아이에게 잘생겼다거나 예쁘다고 칭찬하는 것도 아이에게 전혀 도움이 안 됩니다. 아이가 외모지상주의에 물들기 때문입니다. 외모가 매우 중요하다고 믿게 되고, 사람의 가치가 외모 수준에 따라 결정된다는 편견에 사로잡히게 됩니다.

3 — 청소년의 외모 관심을 이해해주기

청소년들은 자신이 우주의 주인공이라고 생각하고, 모두가 자신을 주목한다고 착각합니다. 따라서 외모에 신경을 많이 쓰게 되는 건 당연합니다. 이때 부모가 놀리거나 핀잔을 줘서는 안 됩니다. 모른 척해야 합니다.

4 — 체중 문제에 대해 말하지 않기

아이가 체중이 증가한 게 사실이어도 평가하지 마세요. 날씬해서 예쁘다는 말도 안 좋습니다. 아이가 체중에 집착하게 만들기 때문입니다. 또 부모 자신의 체중 고민을 자녀에게 노출하지 마세요. 부모의 외모 콤플렉스가 자녀에게 대물림될 수 있습니다. 반면 "살이 찌면 좀 어때?"라는 당당한 말은 자녀에게 희망을 줄 수 있습니다.

CHAPTER 7

나도 모르게
모욕하고 말았습니다

부모는 자식을 지키기 위해 맹수와 맞설 수도 있습니다. 자녀가 절대적으로 중요한 존재니까요. 그런데 생명처럼 소중한 자녀를 부모가 종종 모욕합니다. 멸시하고 무시하는 말을 합니다.

그런 가혹한 말이 미움이 아니라 애정의 표현인 걸 모르는 사람은 없습니다. 더 노력해서 더욱 행복해지라고 채찍질하는 것인데 뜻하지 않게 모욕이 되어 버리는 것입니다.

때로는 부모의 열등감도 자녀를 모욕하는 원인이 됩니다. 부모는 자신의 단점을 사랑하는 자녀에게서 발견하면 화가 납니다. 저 또한 아이에게 자주 모욕을 줬던 것 같습니다. 그 동기가 사랑이든 열등감이든, 모욕은 자녀 마음에 아픈 상처를 남깁니다. 아울러 부모의 마음에도 오랫동안 죄책감과 회한이 남게 됩니다.

과거 얘기 말고 현재의 분석과
미래의 응원만 해주세요

자녀가 실수를 반복했다고 가정해보겠습니다. 휴대폰을 떨어뜨려 깼다거나 같은 유형의 시험 문제를 다시 틀렸을 때 부모는 이렇게 말합니다.

"또 그랬어?"

부모와 자녀 사이뿐 아니라 다른 인간관계에서도 흔히들 저 말을 합니다. 자상하지 못한 남편이 아내에게 쓰는 표현이기도 하죠. "당신 또 그랬어?"라고요. 까탈스러운 직장 상사도 즐겨 사용하는 표현입니다. "김 대리, 또 그랬어?" 물론 결코 좋은 말이 아니지요. 긍정적 에너지를 주기는커녕 짜증을 치솟게 하는 말입니다. 그건 이 말을 자세히 들여다보면 몹시 피곤한 뜻들을 내포하고 있기 때문입니다.

지난번에도 그랬잖아. (과거 들쑤시기)

같은 실수를 반복했으니 넌 문제 있어. (인신공격)

헐! 어이가 없네. (핀잔)

먼저 과거를 들쑤신다는 점이 문제입니다. 실수했다면 앞으로는 그러지 말자고 다짐하면 되겠죠. 현재와 미래만 생각하는 게 깔끔한데 굳이 과거까지 들먹입니다. 그러므로 자녀이든, 아내이든, 부하 직원이든 스트레스를 받을 수밖에 없습니다. 또한 인신공격이나 다름없어서 문제입니다. 가령 젓가락질하다가 음식을 흘리는 실수는 아이의 인격과는 무관하죠. 그런데 "또 이러니?"라는 핀잔은 아이에게 문제가 있는 것처럼 비난하는 겁니다. 반항심이 강한 아이라면 자리에서 벌떡 일어날 겁니다. 따라서 "또 그랬어?"는 부모라면 쓰지 말아야 할 표현입니다. 앞서 설명한 '매일 ~ 한다'와 비슷하게, 과거를 들먹이며 자녀를 모욕하는 말이지요. 그렇게 치사한 표현들은 더 있습니다.

"엄마가 지난번에 뭐라고 했어?"

"아빠가 그러지 말라고 했지?"

이런 말을 들으면 기분이 나쁘고 피곤해집니다. 왜냐하면 과거부터 지금까지 지속해서 잘못하고 있다는 비난이 되기 때문입니다. 물론 의도는 알겠습니다. 조심해서 더 좋은 사람이 되라는 뜻이겠지요. 그래도 자녀 입장에선 불쾌할 것입니다.

과거를 거울삼아서 발전하라는 가르침이니까 "또 그랬어?"는 그리 문제가 되지 않는 말이라고 생각하는 부모도 많겠죠. 하지만 입장을 바꿔 생각하면 생각이 달라질 겁니다.

어릴 때 물을 쏟는 실수를 했다고 가정해보죠. 그때 부모가 "또 그러냐?"라고 쏘아붙이면 느낌이 어떨까요? 당연히 주눅이 들 겁니다. 화가 날 수도 있습니다. 또 직장 상사로부터 "이 과장, 또 그랬어?"라고 지적을 매일 듣는다면 어떨까요? 자신이 매우 무능력하고 부주의하게 느껴질 것입니다. 그런 모욕적 발언을 매일 듣느니 회사를 그만두고 싶은 마음이 솟아오를지도 모릅니다. 따라서 과거를 들추지도 말고 비난하지도 말아야 합니다. 아이가 실수를 했다면 분명하고 따뜻한 목소리로 말해주면 됩니다.

"실수했구나. 다음에는 조심하자."

위의 표현에서는 '과거에 어쨌다'는 지적이 없습니다. 현재와 미래만 있습니다. 아이의 인격에 대한 비난이나 모욕도 없습니다. 분석과 응원만 있습니다. 불쾌하지 않을 테니 아이가 부모의 지적을 귀담아들을 확률이 높습니다. 또 꼭 과거 이야기를 하고 싶다면 미리 양해를 구하면서 시작하면 됩니다.

"지나간 이야기해서 미안한데…"

과거 이야기를 들추는 것은 실례입니다. 아이에게뿐만 아니라 배우자에게도 부하 직원에게도 그렇죠. 따라서 과거 이야기를 꺼내려면 먼저 양해를 구하는 것이 예의입니다. 이는 당연히 아이에게도 적용해야겠지요. 제 아이는 초등학교 때 이렇게 항의를 했습니다. "아빠는 제가 했던 옛날 실수를 전부 다 기억하는 것 같아서 스트레스예요."

사실 제가 어떤 지적을 했는지 기억이 나지 않습니다. 제가 뭔가 트집을 잡았겠죠. 아이의 실수를 꾸짖으면서 과거 사례를 끄집어냈을 거예요. 아이로서는 야단맞는 것만이 스트레스는 아니었을 겁니다. '나는 실수를 반복하는 부족한 인간이야'라는 자책감이 들었을 수도 있습니다. 아이가 올바르게 성장하는 힘은, 단 한 번도 실수하지 않고 크는 것이 아니라 실수를 인정하고 다음에는 조심할 수 있게 부모가 현재를 분석하고 미래를 응원하는 데서 나옵니다.

"실수했구나. 다음에는 조심하자."

모욕이 아니라 호소의 언어로 말해주세요

저는 아이를 기르면서 항상 이런 고민을 했습니다.

"우리 아이가 왜 부모 말을 따르지 않을까?"

아주 어릴 땐 부모 말을 듣는 시늉이라도 했는데 사춘기에 접어들면서 소음 취급하는 것 같았습니다. 때로는 불쾌하고 속이 상하기도 했지요. 그래서 아이에게 핀잔과 모욕을 주었습니다.

"안 들려? 도대체 엄마가 몇 번을 말해야 하니?"

"그만 멈춰. 아빠가 몇 번을 말해야 알아듣니?"

그런데 이 말은 매우 이상합니다. 뒤집으면 '내가 지시하는 걸 한 번에 따라야 한다'는 뜻이기 때문이죠. 사실 성인도 지시를 한 번에 따르기가 힘듭니다. 명령을 어기면 처벌받는 군인이나, 상사를 따르는 직장인을 제외하곤 말이죠. 배우자가 나의 말을 한 번에 따르지 않는 게 당연하듯 아이도 그렇습니다. 자기만의 생각이 있을 테니 엄마 아빠의 말을 무작정 따르기가 힘든 겁니다.

그냥 아이가 한 번에 알아듣기를 기대하지 말고 여러 번 말하고 여러 번 설득하는 게 기본이라고 생각하세요. 그래야 자녀가 조금씩 행동을 바꿀 겁니다. 생각해보면 꼭두각시 인형도 아닌데 한 번에 따른다는 게 이상하지 않나요? 사람은 원래 남의 말을 안 듣는 존재입니다. 복종심 강한 강아지도 모든 걸 주인 지시대로 하지 않습니다. 로봇이나 인형이면 몰라도 사람은 자기 생각이 우선이지요. 자신의 취향과 욕망에 충실해야 정상적 인간입니다. 따라서 말을 안 듣는 것은 어찌 보면 당연합니다.

만일 아이가 부모의 말을 따랐다면 축복이라고 생각하면 됩니다. 원래 아이는 부모 말을 거르는 것이 정상인데 웬일인지 흔쾌히 따라준 겁니다. 아이가 부모 입장도 생각해 양보를 해준 겁니다. 기쁘고 감사한 일이 아닐 수 없습니다. 저도 일찍부터 이렇게 생각하며 아이를 길렀다면 한결 속이 편했을 것 같습니다.

"몇 번을 말해야 하냐?"는 그렇게 이치에 맞지도 않는 표현일뿐더러 무례하고 모욕적인 발언이기도 합니다. 가령 높은 사람한테는 이런 질문을 절대 던질 수 없지요.

"사장님. 몇 번을 말해야 하나요?"
"고객님. 몇 번을 설명해야 이해하시겠어요?"

'을'의 위치에서 스스로 밥그릇을 포기하지 않는 이상 위의 말을 할 사람은 없을 것입니다. 이처럼 '도대체 몇 번을 말해야 하는가'는 권력자가 아랫사람에게 기분 나쁘게 훈계할 때 쓰는 말입니다. 엄밀히 말해서 모욕을 주는 발언입니다. '너 참 머리가 나쁘다', '너 때문에 내가 고생이다'라는 뜻이 숨어 있습니다.

부모는 자녀를 사장님이나 고객님 대하듯 조심스럽게 대할 수는 없는 걸까요? 그렇다면 어떻게 말을 해야 할까요?

"엄마가 여러 번 이야기했어. 그만큼 중요하기 때문이야. 꼭 들어줘."

"아빠가 여러 번 말했던 거 알지? 꼭 기억해야 해."

위는 모욕이 아니라 호소의 말이므로 호소력이 높아집니다. 자녀의 마음에 아무런 타격도, 반감도 주지 않으므로 부모와 자녀 모두에게 좋은 화법이라 할 수 있겠습니다.

끝으로 제가 발견한 색다른 설명을 하나 소개하겠습니다. 미국 심리치료사 브리짓 래신Brigitte Racine이 한 육아 매체 〈인생의 어머니Mother for Life〉에 기고한 칼럼 이야기입니다. 핵심은 아이가 '일부러' 부모의 말을 무시한다는 겁니다. 다 계산이 깔려 있다는 건데 아이가 부모의 말을 무시하는 것은 바로 부모의 관심을 끌려는 작전이라는 것입니다.

어린아이는 엄마가 평균 서너 번 같은 말을 해야 따른다고 합니다. 도대체 왜 그럴까요? 아직은 말귀를 못 알아듣는 나이여서 그럴 수 있습니다. 또 따르기 싫어서 못 들은 척할 수도 있습니다. 가령 "장난감 치워라"나 "TV 그만 봐라" 같은 말은 들었어도 못 들은 체하고 싶을 겁니다. 그런데 브리짓 래신은 재미있는 주장을 합니다. 바로 아이가 '관심을 원하는 존재'이기 때문에 엄마의 말을 무시한다는 겁니다. 만일 아이가 엄마의 지시를 즉각 따르면 엄마의 시선은 아이에게서 떨어집니다. 가령 TV를 향하게 될 겁니다. 반대로 엄마 지시를 따르지 않으면 엄마는 TV를 보다가도 아이를 쳐다볼 겁니다. 아이가 원하는 엄마의 시선이 돌아온 셈이죠. 그리고 잔소리일지라도 자신에게 말을 걸어올 겁니다. 짜증이 실린 말이지만 그래도 엄마가 말을 건네주는 게 어디입니까. 무관심보다는 더 낫다고 생각하는 거죠.

결국 아이가 엄마의 말을 무시하는 건 아이가 사랑을 달라는 호소라는 것입니다. 그렇게 생각하면 말 안 듣는 아이가 안됐습니다. 그러니까 오늘부터는 아이가 부모의 말을 얼른 따르지 않아도 좀 봐주면 어떨까요? 엄마의 사랑을 얻기 위한 귀여운 작전이니까요.

모함하는 말
"매일 게임만 해?"

문제점을 과장해서 지적하면
결코 도움이 되지 않습니다

오늘도 엄마가 아이의 방문을 엽니다. 아니나 다를까 아이는 컴퓨터 게임에 열중하고 있습니다. 볼 때마다 게임을 하는 것 같아서 엄마는 답답합니다. 시험이 얼마 남지 않았는데도 책 한 번 펴지 않는 아이를 보며 화도 납니다.

"너는 매일 게임만 하니?"

'매일'이라는 단어를 썼습니다. 컴퓨터 게임을 너무 자주 한다는 걸 강조하기 위한 표현이죠. '항상'을 써도 비슷한 느낌이 납니다.

"너는 항상 TV만 보니?"

"너는 항상 스마트폰만 하는구나."

아이가 어떻게 반응할까요? 아주 짜증스러운 목소리로 이렇게 답할 거예요.

"내가 언제 매일 게임만 했어요? 어제는 안 했어요!"
"내가 항상 TV만 본다고요? 이제 10분밖에 안 봤어요."

'매일'이나 '항상'을 써서 자녀의 잘못을 지적하는 것은 과장법입니다. 사실 그대로를 말하는 것이 아니라 사실을 더 부풀려 지적하는 셈이죠. 그런데 이런 과장법 말투가 아이에게 결코 도움이 되지 않습니다. 반발심만 일으키게 되죠. 게임을 '매일' 하지는 않았다면서 발뺌을 할 빌미를 제공하는 거예요. 그러면 지적을 귀담아듣거나 자기 잘못을 반성할 리가 없지요.

'매일'과 '항상'은 또 다른 문제가 있습니다. 아이의 인격에 대한 모욕이 될 수 있습니다. "또 그랬냐?"와 비슷한 표현입니다. 허구한 날 같은 짓을 한다는 비난이기도 하죠. 자연히 아이들은 화를 내고 짜증을 부릴 것입니다. '너는 매일 게임만 한다'는 말속에는 이런 뜻이 숨어 있습니다.

너는 게임 중독자 같다. (인신공격)
너는 공부를 포기한 아이 같다. (모함)

이러니 듣는 아이가 불쾌한 것이 당연합니다. 자기가 게임에 중독된 것처럼 비난을 당했기 때문이죠. 또 나름 열심히 공부한다고 하는데도 공부를 포기한 것처럼 몰아갑니다. 위의 말은 너는 공부를 포기하고 게임만 하는 아이라고 '인격'을 공격하는 표현입니다. 비슷한 표현으로는 '바보', '게으름뱅이' 등이 있습니다. 그렇게 비난을 해도 싸움만 나지, 자녀의 변화를 끌어낼 수 없으니 허망할 뿐입니다.

그럼 입장을 바꿔서 아이가 "엄마가 해준 반찬은 항상 맛이 없어"라고 말했다고 생각해볼까요? 엄마는 요리에 재능이 없는 무능한 사람이라는 비난을 당한 셈이니 기분이 나쁠 수밖에 없습니다. 이처럼 '매일'이나 '항상' 등의 표현을 붙이면 말이 독해져서 인격을 공격하는 느낌이 들지요. 그럼 당연히 싸움으로 이어지게 되죠. 자녀에게 상처를 줄 뿐만 아니라 부모와 자녀의 사이까지 틀어지게 만듭니다. 그런 말을 쓴다고 아이의 생활 태도가 개선되지도 않습니다. 따라서 그런 말은 쓰지 않는 게 좋습니다. 비슷한 부작용을 낳는 말로는 '너무' 또는 '참' 등이 있습니다.

"너는 너무 무책임해."
"너는 참 더러워."

'너무'나 '참'을 써도 인격을 공격하는 말이 되기 쉽습니다. 그러므로 가정의 평화를 위해서는 인격을 공격하는 말이 아니라 행위를 지적해야 합니다. 따라서 아래와 같이 바꾸는 것이 낫습니다.

"숙제를 안 하는 건 무책임한 행동이야. 알겠어?"
"3일째 머리를 안 감았지? 머리가 기름져 보여."

자녀에게 무책임한 사람이라고 비난하는 게 아니라 숙제를 안한 그 행동이 무책임하다고 지적하는 게 맞습니다. 또 자녀가 불결한 사람이라고 말하지 말고 3일째 머리를 감지 않아 기름져 보이는 것이 불결하다고 지적해야 자녀의 기분이 상하지 않습니다.

끝으로 '매일'이란 표현은 긍정적인 의미로 쓰일 수도 있습니다.

"넌 매일 공부만 하냐. 좀 쉬어라."
"너는 언제나 착하게 말을 하는구나."

실현 가능성이 없는 꿈 같은 얘기지만 모든 부모가 해보고 싶어 하는 말입니다. 자녀들도 저런 긍정의 문장을 듣고 싶어 할 게 분명하지요. 다소 간질거리더라도 위로와 칭찬의 말을 자주 들려주면 자녀가 더 행복하고 가정도 더 화목해질 것입니다.

은근히 모욕하는 말
"바보도 아니고 왜 그래?"

독화살을 쏘는 것은 아닌지 점검하세요

"바보도 아니고 왜 그래?"

연인 사이의 사랑 표현은 직접적이든 간접적이든 효과가 비슷합니다. "당신을 많이 사랑해요"도 상대의 마음을 흔들지만 "당신이 많이 신경 쓰여요" 같은 간접적 고백도 울림이 적지 않습니다.

자녀에게 상처를 주는 말도 직접적이거나 간접적이거나 효과가 비슷합니다. 둘 다 피해야 합니다. 아주 거칠고 미숙한 부모들은 직접적인 모욕을 훈계의 방편으로 활용합니다. 하지 말아야 할 말도 내뱉습니다.

"공부도 못하는 주제에……."

"그게 무슨 말이야? 너 바보야?"

"희망이 없다."

잘못을 지적하는 '야단'과는 다릅니다. 아이의 인격을 공격하고 아이의 존재가 무가치하다고 비난합니다. 바로 모욕입니다. 화가 많이 났거나 깊이 절망했을 때 모욕을 퍼붓는 부모들이 TV 막장 드라마 뿐 아니라 현실에서도 존재합니다.

자녀가 입을 상처는 깊고 클 수밖에 없습니다. 모욕을 당한 아이는 눈물을 흘리며 잘못했다고 빌겠죠. 앞으로는 더 바르게 생활하겠다고 다짐할 것입니다. 겉으로는 그렇게 건설적이지만 속에서는 붕괴가 일어납니다. 모욕을 당한 아이의 자존감은 무너져 내립니다.

성난 아버지가 툭 던지는 모욕적 평가 한 마디는 아이 자존감의 뿌리를 흔듭니다. 짜증 난 엄마가 모욕적인 말을 하면 아이는 자신이 정말 가치 없다고 믿게 됩니다. 자존감을 다쳐서 자신의 가치를 의심하게 된 아이는 행복해지려는 노력도 하지 않는다는 게 심리학자들의 일반적 설명이더군요. 행복해질 자격이 없다고 자신을 평가하면 행복을 추구할 이유도 사라집니다. 자존감을 해치고 행복도 앗아가는 모욕은 최악의 훈육 방법 중 하나입니다.

자녀를 모욕하면 안 된다는 건 너무나 쉽고 분명한 규칙입니다. 아마 자녀를 모욕하지 않는다고 자신할 부모님들도 아주 많을 겁니다. 그런데 문제가 있습니다. 경우에 따라 부모님들이 자녀를 모

욕 하면서도 인식을 못한다는 점입니다. 간접적인 모욕의 말을 내
뱉을 때 그렇습니다.

"그렇게 생각하면 바보야."
"멍청이도 아니고 왜 그래?"

자녀를 바보나 멍청이라고 부르지는 않았습니다. 직접적인 모욕
이 아니죠. 그런데 의미상으로는 "너는 바보야"라고 모욕한 셈입
니다. 아이가 받을 상처도 직접적 모욕을 들었을 때와 다르지 않을
겁니다. 이렇게 모호한 모욕의 말은 다양합니다.

"게으른 건 엄마를 닮았네."
"우리 딸은 몸치야. 춤추면 웃겨."

막장 TV 드라마에서만 나오는 말이 아닙니다. 최악의 부모만이
내뱉는 말도 아닙니다. 안타깝지만 현실의 가정에서도 더러 듣게
됩니다. 엄마나 아빠와 닮았다면서 자녀를 비난하는 부모님들이
실제로 존재합니다. 상대 배우자와 아이를 싸잡아 모욕하는 것이
죠. 또 자녀가 춤 실력이나 운동 실력 등이 없다고 지적하며 하하
하 웃는 부모도 있습니다. 지나가는 농담 같지만, 모욕의 뉘앙스를
자녀가 똑똑히 감지할 것입니다.

포기의 뜻을 담은 간접 모욕도 있습니다.

"크게 기대하지 않아. 알아서 살겠지. 뭐."
"나도 몰라. 이젠."

자녀에게 희망이 없다는 것인데 모욕적입니다. 희망을 걸어봐야 소용없다고 아이의 존재를 깔보기 때문입니다. 아이들은 분명하게 모욕감 내지 굴욕감을 느낄 것입니다.

그 외에도 교묘하게 자녀를 모욕하는 표현법은 아주 많습니다. "너무 겁이 많아", "매일 우는 소리니?", "뭐가 되려고 저러나?", "학원비가 아깝다", "대책 없이 소심해"라고 말하면서 부모들은 자신도 모르는 사이에 자녀를 모욕합니다.

저도 돌아보게 됩니다. 아이를 기르면서 얼마나 자주 모욕을 했을까 기억을 더듬어 봅니다. "그러면 바보야"와 비슷한 말을 했던 적이 있습니다. 아이가 조리 있게 표현을 못했거나 같은 문제를 반복해서 틀릴 때 그랬습니다. 또 "이제 나도 몰라"라고 말하기도 했습니다. 몇 번 설득하고 가르쳤는데 효과가 없을 때 그렇게 자포자기를 선언했습니다. 조그만 아이의 마음은 무너졌을 겁니다. 부모가 자신을 바보로 여기거나 포기한다고 했으니 막막하고 절망스러웠을 게 분명합니다.

모욕은 직접적이건 간접적이건 결과가 같을 겁니다. 우선 자녀는 자존감에 상처를 입으며 부모를 미워하게 됩니다. 또 부모는 사랑받지 못하는 외로운 존재가 됩니다. 자녀와 부모 모두에게 불행한 일입니다. 모욕감이 자녀의 마음에 쌓이면 나중에 치유하기 어려워집니다. 관계 회복도 쉽지 않을 것입니다. 혹시 모욕이라는 독화살을 자주 쏘지 않는지 스스로 살펴보시라고 조심스럽게 권해드립니다.

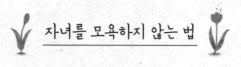

자녀를 모욕하지 않는 법

1 — "또 그랬어?"라고 하지 않기

과거를 들추고 사람을 비난하는 말입니다. 부모가 이런 말을 쓰면 아이들은 주눅이 듭니다. 속으로는 부모를 싫어할 수도 있습니다. 그러므로 미래 지향적인 훈계를 하세요. 미래 지향적인 훈계가 아이 마음을 다치지 않게 할 것입니다.

2 — "몇 번을 말해야 하니?"라고 하지 않기

원래 여러 번 이야기해야 따르는 게 사람입니다. 특히 아이는 더욱 그렇습니다. "몇 번을 말해야 하니?"라는 말은 논리에도 맞지 않지만, 경멸의 뜻을 품고 있어서 해롭습니다. 아이는 존중받아야 할 존재이니까요.

3 — '매일', '너무' 등 과장된 표현을 쓰지 않기

아이를 칭찬할 때는 얼마든지 괜찮지만 야단칠 때는 '매일'이라는 표현을 쓰면 안 됩니다. '너무'도 나쁜 표현입니다. 아이의 인격에 대한 공격이 될 수 있으니까요. 그 말을 들은 아이는 불쾌할 것이고 부모를 멀리하게 될 겁니다.

4 — 간접적인 모욕도 하지 않기

우리 말에는 간접 모욕의 화법이 많이 발달해 있습니다. "바보도 아니고 왜 그래?", "아빠 닮아서 그런 거야?"가 그 예입니다. 아무리 교묘하게 말해도 아이는 다 느낍니다. 그리고 아이는 자라서 어린 시절 받았던 모욕 때문에 상처를 받았다고 언젠가는 털어놓을 겁니다. 그때 후회하면 너무 늦습니다.

CHAPTER 8

때리고 야단친 게
제일 미안합니다

아이를 체벌한 적이 있습니다. 횟수가 몇 번 되지도 않지만 기억이 지워지지 않습니다. 미안한 마음도 씻기지 않지요. 어쩌면 평생 기억하게 되겠죠. 체벌만큼 나쁜 훈육도 했습니다. 체벌할 수 있다는 위협이 그것입니다. "너 자꾸 이러면 맞는다"라는 경고를 자주 했습니다. 이런 심리적 체벌은 물리적 체벌 못지않게 아이에게 나쁜 영향을 끼치지요. 부모는 아이를 위해서 체벌한다고 변명합니다. 저도 그렇게 생각했습니다. 그런데 체벌이 아이를 바른 사람으로 만든다는 과학적 근거는 찾기 힘듭니다. 반면 체벌이 아이를 망친다는 연구 결과는 많습니다. 그리고 체벌은 아이가 아니라 부모의 문제 때문에 일어날 가능성도 큽니다. 부모가 설득 능력이 부족하거나 인내심이 얕은 것이 체벌의 원인일 수 있는 겁니다. 저는 체벌했던 걸 후회합니다. 아이가 태어난 즈음 '나처럼 부족한 사람이 한 생명에게 지대한 영향을 끼쳐도 문제가 없는가'를 고민했습니다. 체벌을 후회할 때면 그 옛날에 자격지심이 떠오릅니다.

아이의 삶을 망치는 말
"넌 맞아야 정신 차리니?"

회초리보다 말이 강합니다

아이를 기르면서 가장 혼란스러웠던 문제는 '체벌'입니다. 아이가 말썽 피우고 고집불통이면 매를 들어야 하는 걸까요? 저는 과거에는 그래야 한다고 생각했습니다. '매를 아끼면 아이를 망친다'는 격언을 믿었습니다. 저 자신도 가끔 혼나고 매 맞으면서 자랐으니까요. 제가 청소년이었던 시절에는 학교에서도 체벌이 일상화되어 있었습니다. 담임선생님이 반장에게 체벌 권리를 위임해 친구들을 때리도록 허용하는 일도 있었을 정도죠. 이렇듯 저는 맞으면서 체벌의 정당성을 내면화한 세대입니다. 따라서 자연히 제 아이에게도 체벌해도 된다고 생각하게 되었습니다. 절제된 체벌이라면 아이의 비뚤어진 행동과 마음을 고칠 수 있다고 믿었습니다.

아이가 초등학교 5학년 때였습니다. 수업 시간에 너무 까분다는 선생님의 지적을 받고 화가 나서 아이의 종아리를 구둣주걱으로 때렸습니다. 때리기 전에는 "너의 행동을 고치기 위해 어쩔 수 없이 때린다"는 식으로 말했던 것 같습니다. 아이는 많이 아팠을 겁니다. 아이의 고통스러운 표정을 저는 아직도 생생히 기억합니다. 지금 돌이켜보면 때리지 않고 말로 했어도 얼마든지 잘못된 행동을 고쳤을 것 같습니다.

또한 아이를 때리지는 않아도 말로 체벌하는 경우도 많았습니다. 체벌하겠다고 겁주는 말을 아무렇지도 않게 뱉었던 것이죠.

"너 그러면 매 맞는다."

"넌 좀 맞아야 정신을 차리니?"

부모가 흔히 쓰는 말입니다. 저렇게 경고를 했는데도 아이가 고집을 꺾지 않으면 일부 부모는 정말로 매를 듭니다. 그런데 실제로 때리느냐 때리지 않느냐의 여부는 그리 중요하지 않습니다. 저런 위협 자체가 체벌과 다르지 않기 때문입니다. 분명히 기억하셔야 할 것은 '위협'과 '체벌'은 같다는 것입니다. 아이를 공포와 고통으로 몰아넣는다는 점에서 말이죠.

그런데 그렇게 아이를 위협하고 체벌하면 아이가 바른 사람으로 성장하게 될까요? 미국 뉴햄프셔대학교 교수이자 사회학자인 머리 스트라우스Murray Straus는 가장 대표적인 체벌 반대론자입니다.

그는 국내 육아 전문가들도 많이 거론할 정도로 유명합니다. 2012년 미국 일간지 〈보스턴 글로브〉와의 인터뷰에서 그는 이렇게 말했습니다.

"오랫동안 체벌spanking을 당한 아이는 부모가 절대 원치 않는 종류의 사람이 될 확률이 높습니다. 이를테면 마약 남용자, 우울증 환자, 분노 조절 장애자로 클 수 있습니다. 또한 체벌을 당한 아이는 IQ가 낮아진다는 증거도 있습니다."

부모는 자녀를 때리는 게 사랑하기 때문이라고 변명합니다. 그런데 맞고 자란 아이는 오히려 불행해집니다. 마약에 빠지고 술에 의존하게 되는 것이죠. 당연히 사회 생활이 쉽지 않고 건강도 좋지 않습니다. 심한 체벌을 당한 아이들은 우울증 증세를 보이기도 합니다. 마음이 항상 슬프고 어둡고 무거운 것이죠. 매력적인 외모에 유명 대학교를 나와 돈도 많이 주는 직장에 다니면 뭘 하겠습니까? 마음이 우울하면 삶은 지옥일 뿐이겠죠. 맞고 자란 아이 중에는 분노 조절 장애자도 있다고 합니다. 분노 조절 장애는 맥락 없이, 그리고 사람들이 전혀 예상하지 못하는 순간에 화를 내는 것을 말합니다. 또한 충격적이게도 체벌을 지속해서 당한 아이는 IQ가 낮아진다고 합니다. IQ가 지적 능력의 완벽한 지표는 아니겠지만 학습 능력도 떨어지게 되겠죠. 따라서 직업 선택의 폭도 좁아질 것입니다. 이 모든 게 사랑해서 매를 든다는 부모가 만든 결과입니다.

체벌의 문제점은 여기서 끝이 아닙니다. 가장 큰 문제는 아이에게 잘못된 가치관을 심어준다는 것입니다. 부모에게 맞고 자란 아이는 자신도 부모처럼 누군가를 때려도 된다고 생각하기 쉽습니다. 체벌은 아이가 폭력을 정당화하는 가치관을 갖게 만듭니다. 결국 폭력은 대물림되기 쉽습니다. 체벌을 당한 아이는 사랑받고 싶지만 정작 자신은 사랑받을 자격이 없다고 생각하게 될 것이고 끔찍한 기억들이 문득문득 떠올라 마음의 흉터처럼 괴로울 것입니다. 체벌에 대한 공포가 마음에 남아 있는 한, 아이는 부모를 진심으로 사랑할 수 없습니다.

저는 다시 아이의 어린 시절로 돌아갈 수 있다면 절대 체벌하지 않을 거예요. 체벌뿐 아니라 "너 정말 맞을래?"와 같은 체벌 위협도 하지 않을 겁니다. 어린 꽃망울이나 유리 세공품을 다루듯 조심조심 아이를 대하겠습니다. 물론 때에 따라 아이의 잘못을 지적하고 야단을 쳐야겠지만 때리고 겁주는 것은 가장 수준 낮은 훈육법인 것 같습니다.

부모 스스로가 감정을 다스리세요

초등학생이던 아이가 거실에서 컴퓨터 게임을 한 뒤 자기 방으로 돌아갔습니다. 잠시 후 그 자리를 보니 마우스가 부서져 있었습니다. 아이가 게임을 하다가 화가 나서 집어 던졌을 수도 있고 마우스의 내구성이 나빠 그렇게 됐을 수도 있겠죠. 별일도 아니니 아무렇지도 않게 아이에게 물었습니다. 마우스를 고장 냈냐고 말입니다. 그런데 아이가 목청을 높이며 자신은 절대 그러지 않았다고 발뺌을 하는 것이었습니다. 그 자리에는 아이밖에 없었으니 명백한 거짓말입니다. 전 아이가 이렇게 뻔뻔하게 거짓말한다는 사실이 믿기 어려웠습니다. 갑자기 분노가 치밀어 올라 이성을 잃고 소리를 질렀죠.

"어디서 거짓말이야? 사기꾼 될 거니? 싹수가 노랗다."

아이들은 속이기 위해서라기보다는 자존심 때문에라도 거짓말을 할 수 있습니다. 어른들도 많이 그러잖아요. 또 사실과 거짓의 구분이 애매한 상황도 있고요. 그러나 저는 지나치게 분노해 사기꾼까지 운운했습니다. 아이로서는 대단히 불쾌할 수밖에 없죠. 인격 모독을 당했기 때문에요. 돌이켜보니 제가 했던 말은 언어폭력에 해당합니다. 이렇듯 자녀를 향한 언어폭력에는 크게 4가지 종류가 있다고 합니다.

"너 당장 그만두지 못해?"(소리 지르기)
"넌 너무 게을러. 무책임하고."(비난)
"어떻게 이렇게 멍청할 수가 있니?"(모욕)
"너 이러면 정말 혼난다."(위협)

흥미로운 설명도 있습니다. 언어폭력에는 '침묵'도 있다는 겁니다. 아무 말도 하지 않는 게 공격적인 말만큼이나 아이를 괴롭힌다는 것입니다. 아무튼 부모가 언어폭력을 쓰는 이유는 분명합니다. 공포를 주는 말을 함으로써 손쉽게 아이의 행동을 통제하려고 하는 것이죠. 안타깝게도 다수의 부모가 저런 폭력적 언어를 사용합니다. 1995년 미국 갤럽이 18세 이하의 자녀를 둔 부모 1,000명을 대상으로 조사를 했는데, 85% 정도가 가끔 자녀에게 소리를 지르면서 폭력적 언어로 훈육하는 것으로 나타났습니다. 그런데 폭력적인 말을 쓰면 자녀가 부모를 잘 따르게 될까요?

　미국 피츠버그대학의 밍-테 왕Ming-Te Wang 교수의 연구에 따르면, 언어폭력은 아이를 잠시 순종적으로 만들지만 장기적으로는 반항심만 키웁니다. 처음엔 순종적이던 아이는 얼마 후에 지시를 거부합니다. 그러면 부모는 다시 소리 높여 야단치게 되며 그에 따라 아이의 반발은 한층 더 강해집니다. 그러면 부모가 원한 행동 교정 효과는 전혀 없고 야단과 반발이 점점 강화되는 악순환이 벌어지는 것입니다. 그뿐만 아닙니다. 열세 살과 열네 살 아이를 대상으로 한 밍-테 왕 교수의 연구에서, 부모가 폭력적 언어로 자주 야단을 칠수록 아이들이 우울증을 겪을 확률이 높아지는 것으로 나타났습니다. 부모가 언제 겁주고 소리칠지 모르는 상황이니 마음이 밝을 수가 없는 겁니다.

　부모가 평소 따뜻한 성격이고 자녀와 사이가 좋았어도 언어폭력의 후유증은 큽니다. 한두 번일지라도 폭력적인 언어를 사용하면 원만했던 부모 자녀의 관계가 금방 무너져 회복하기 힘듭니다. 그렇다면 어떻게 해야 할까요? 방법은 하나뿐입니다. 폭력적인 언어를 사용하지 말고 좋게 말해야 합니다. 자녀와 평등한 위치에서 차분하게 대화하면서 자녀의 문제 행동을 고치려고 노력해야 하죠. 물론 쉽지 않습니다. 어마어마한 자제력이 필요합니다. 그래도 가야 할 길이죠. 폭력적인 언어를 사용하는 길은 가지 말아야 할 낭떠러지 외길이고요.

언어폭력을 줄이고 싶은 부모들을 위해 미국 소아과 학회American Academy of Pediatrics에서 내놓은 자료를 소개해보겠습니다. 언어폭력을 자주 행사하는 부모는 화나 실망감 등 격렬한 감정을 다스리는 훈련이 안 되어 있다고 합니다. 특히 자녀에겐 감정을 정제해서 표현해야 하는데 화를 여과 없이 드러내는 부모가 많습니다.

언어폭력을 줄일 방법은 네 가지로 요약됩니다. 첫 번째, 언어폭력이 해롭다는 걸 부모 자신이 인지해야 합니다. 언어폭력은 자녀를 바로잡지 못합니다. 오히려 반감과 갈등만 낳는다는 걸 기억해야 합니다. 두 번째로 부모가 육아 스트레스를 적극적으로 관리하면 언어폭력이 줄어듭니다. 부모가 마음이 편해지면 고집부리고 말썽 피우는 아이를 대하는 데에도 좀 더 관대해지고 언어도 당연히 더 부드러워질 것입니다. 세 번째로 심호흡이 언어폭력을 줄이는 데 좋습니다. 화가 날 때마다 천천히 호흡하는 버릇을 들이는 겁니다. 네 번째로 자녀의 잘못을 지적할 때는 당장 야단을 치고 싶어도 5분 정도 시간을 두고 야단을 치는 게 좋습니다. 언어폭력 문제의 결론은 간단합니다. '좋은 말로 해야 한다'입니다. 비난하고 소리를 질러봐야 결과가 나쁘다는 걸 부모는 알 것입니다. 직장 동료나 이웃 엄마를 대하듯이 자녀에게 정중히 말할 수 있다면 가장 좋을 거예요.

아무 소용 없는 말
"내가 널 사람 만들겠다"

너그럽게 이해하고 낙관하면서 기다려주세요

아이를 기르다 보면 경고하고 야단치는 일에 지치게 됩니다. 아무리 목소리를 높여도 상황이 나아지지 않기 때문에 기운이 빠지는 것이죠. 그런데 사춘기 아이들에게 야단을 친다고 아이의 태도가 나아질까요? 부모는 내 아이는 바뀔 수 있다고 생각합니다. 저도 막연히 그렇게 믿었습니다. 그런데 미국 예일대학교의 아동의학 전공 알랜 카즈딘Alan Kazdin 교수가 2017년에 주간지 〈타임〉에 기고한 칼럼에 따르면 그게 아니라고 합니다.

카즈딘 교수에 따르면, 부모는 사춘기 아이들에 대해 세 가지 잘못된 생각을 가지고 있습니다. 먼저 사춘기 아이들이 문제 행동을 일부러 저지른다고 생각하는데 그게 아니라고 합니다. 원인은 뇌입니다. 뇌가 불균형하게 발달하고 있어서 자신도 모르게 그런 행동이 나온다는 것입니다. 그의 주장을 부모가 안다면 아이들에게 더 관대해질 수 있지 않을까요? 아이들이 나쁜 의도가 있어서 부모를 골탕 먹이는 게 아니니까요.

두 번째로 부모가 사춘기 자녀와 이성적으로 대화하면 문제를 해결할 수 있다고 생각하는데 그 또한 틀렸다는 지적입니다. 성숙한 어른들도 대화했다고 문제 행동이 고쳐지거나 생각이 바뀌는 일은 거의 없죠. 하물며 급격한 육체적, 정신적 변화를 겪는 청소년들은 더 바뀌기가 어렵습니다. 붙잡아 놓고 더 공손하게 행동하라고 강요한다고 아이들이 따를까요? 자기 혁신은 성숙한 어른들도 해내기 힘든 것입니다. 사춘기 자녀가 성숙해질 때까지 참으면서 기다릴 수밖에 없습니다.

세 번째로 응징 혹은 벌이 청소년의 문제 행동을 고칠 것이라는 생각도 큰 오해라고 합니다. 소리 지르고 야단치고 때려봐야 단기적이건 장기적이건 아이 행동의 변화를 일으킬 수 없지요.

자, 이제 내용을 정리해볼까요? 사춘기 아이들이 일부러 문제를 일으키는 것이 아니며 이성적인 대화나 체벌을 한다고 문제가 해결되지 않는다는 거예요. 그렇다면 부모로서는 선택지가 없습니다. 너그럽게 이해하고 낙관하면서 기다려야 하겠죠. 물론 한계는 분명히 제시해야 합니다. 절대 넘어서는 안 되는 선을 또렷이 그어야 하죠. 이를테면 폭력과 일탈은 절대 금지하고 부모의 인격을 공격하는 언행에는 단호하게 대처해야 합니다. 그러나 기본적인 입장은 이해와 기다림이어야 합니다. 지켜보면서 기다려주면 아이가 나아지지 않을까요? 무례한 언행이 줄어들고 반듯한 성인으로 자라날 것입니다. 그렇게 긍정적인 기대를 하고 기다리는 게 사춘기 자녀를 둔 부모의 운명 같습니다.

2019년 초에 우리나라에서 폭력 사건이 하나 터졌습니다. 운동선수 합숙소에서 코치가 어린 소녀를 때려 큰 상처를 입혔던 사건입니다. 소녀는 휴대폰을 몰래 합숙소에 가지고 들어갔다가 들켰고 분노한 코치는 이렇게 말하면서 때렸다고 합니다.

"내가 오늘 널 사람 만들어주겠다."

어른들은 아이를 뜯어고칠 수 있다고 생각합니다. 설득하거나 교육하면 아이를 극적으로 변화시킬 수 있다고 믿습니다. 최후에는 아이가 정신을 차리게 만들 수만 있다면 폭력을 써도 무방하다고 생각하기까지 하죠. 아마 가혹한 폭력을 행사한 코치도 그렇게 아이를 바꿀 수 있다고 믿었을 겁니다. 그러나 윽박지르거나 때리고 설득한다고 아이를 변화시킬 수 있을까요? 제 지인 중 한 사람은 사사건건 버릇없이 말하고 반항하는 아이에게 이렇게 말했습니다.

"버릇없이 말해도 좋아. 물론 네가 말하는 태도가 옳다고는 생각하지 않아. 그래도 이해한다. 집에서는 그런 실수를 해도 야단치지 않겠어. 그러나 다른 사람에게는 절대 안 된단다. 학교와 학원 선생님, 그리고 주

소리 지르고 야단치고 때려봐야
아이 행동의 변화를 일으킬 수 없습니다.

변 어른들께는 절대 그렇게 말해서는 안 돼. 그분들은 엄마 아빠만큼 너를 이해 못 하실 테니까. 엄마 아빠만큼 너를 사랑하지 않기 때문이야."

엄마, 아빠 앞에서는 멋대로여도 허용하겠지만 밖에서는 자신을 통제하라는 말입니다. 끝부분에는 아이를 사랑한다는 말도 덧붙였습니다. 아주 모범적인 말하기 예시라고 할 수 있겠습니다.

지금 꼬물꼬물하며 애교 부리고 재롱 부리는 귀여운 자녀도 언젠가는 훌쩍 자라 무례하게 말하고 거칠게 반항할지도 모릅니다. 그때 "너를 고쳐놓겠다"라거나 "사람으로 만들겠다"며 달려들어봐야 아무런 소용이 없습니다. 그런 말을 하면 싸움만 더 커지고 부모와 자식 간의 사이만 더 멀어지게 됩니다. 부모 된 도리로서 아이가 아니꼬워도 참아주는 것이 현명하다고 생각합니다. 억울하고 분통이 터져도 '이해한다'는 태도를 보이면서 인내하는 것이 훨씬 더 좋은 전략입니다. 시간을 갖고 기다리는 것 말고는 달리 방법이 없기도 합니다.

부모는 무력한 존재입니다. 자기가 원하는 대로 아이를 변화시킬 수 있는 부모는 존재하지 않습니다. 앞서 말씀드렸듯 부모는 자녀를 마음대로 깎고 다듬는 목수가 아니라 잘 성장하도록 보살피는 정원사여야 합니다. 또 아이는 생명 없는 목재가 아니라 생동하는 생명체입니다. 아이 스스로가 놀라운 잠재력을 발휘해서 활짝 꽃을 피울 수도 있는 겁니다.

자유와 규칙을 균형 있게 조절해주세요

아이가 어릴 때는 아이보다 부모가 훨씬 강합니다. 아이의 반항은 그리 위협적이지 않지요. 그러나 아이가 중학생이나 고등학생이 되면 달라집니다. 아들이건 딸이건 커진 몸에서 강렬한 에너지를 내뿜으며 부모의 권위에 도전합니다. 위기에 몰린 부모들은 이렇게 외치죠.

"나쁜 놈. 감히 부모를 이길 생각하지 마라."

그런데 부모가 반항하는 아이들을 정말 이길 수 있을까요? 아이가 사춘기 초반일 때는 대부분의 부모가 희망을 가집니다. 하지만 사춘기가 무르익어갈수록 부모는 깨닫게 됩니다. 이길 수도 없고 이길 필요도 없다고 말입니다. 반항하는 자녀를 제압하는 데 성공하는 부모는 실제로 거의 없지요.

저는 사춘기에 접어든 아이가 반항하자 굉장히 긴장했습니다. 다른 누군가가 나에게 도전해 집안 권력을 전부 빼앗아 가려는 것 같았죠. 큰 위기를 느낀 겁니다. 그래서 아이의 반항을 강력하게 제압해야겠다는 마음을 먹게 되었습니다. 돌이켜보니 참 유치한 생각이었습니다. 지금의 제가 다시 과거로 돌아간다면 처음부터 아이에게 장렬히 패배할 겁니다. 그러고는 아이가 자율과 권력을 원하면 별거 아니니 빨리 나눠주고 사이좋게 지내겠습니다. 아이는 작은 권력만 나눠줘도 기뻐하니까요.

부모는 왕이 아니고 자식은 부하가 아닙니다. 일방적으로 지시하던 권위적 태도를 포기하면 자녀와의 갈등이 줄어듭니다. 너무나 간단한 이치인데 이것을 실천하기가 정말 어렵습니다. 그런데 주의할 것이 있습니다. 그렇다고 아이에게 무한한 자유를 줘서는 안 된다는 것입니다. 즉, 아래와 같은 말은 해서는 안 됩니다.

"너를 믿는다. 네 마음대로 해라. 엄마, 아빠는 간섭하지 않겠다."

언뜻 보면 민주적인 부모의 말 같지만 부모가 규율을 포기하면 아이에게 오히려 해롭습니다. 사춘기 아이는 어린이가 아니지만 어른도 아닙니다. 아직 판단할 능력과 경험이 부족한 존재이죠. 그래서 부모의 규율과 도움이 절대적으로 필요한 시기입니다.

자유방임 부모permissive parents라는 개념이 있습니다. 아이 주변을 맴돌면서 감시하고 사사건건 간섭하는 헬리콥터 부모helicopter parents의 반대 개념입니다. 사랑을 적극적으로 표현하며 자녀를 신뢰하는 스타일입니다. 자녀에게 아무런 간섭을 하지 않고 어떤 요구도 하지 않는 게 자유방임 부모의 특성입니다.

그럼 그런 자유방임형 부모가 이상적인 부모일까요? 아닙니다. 먼저 자유방임형 부모의 가정에서 자란 아이가 대체로 성취도가 낮습니다. 부모가 크게 기대하지 않으니 아이도 최선을 다해 노력하지 않는 것입니다. 어려움을 견뎌서 목표를 이루는 그 힘든 과정도 회피해버리죠. 목표 성취 능력이 낮아집니다. 또 자유방임형 부모의 아이는 규칙을 지키는 훈련이 안 되어 있어 일탈 청소년이 될 가능성이 큽니다. 그리고 시간을 관리하는 능력이 그렇지 않은 부모에게 자란 아이에 비해 훨씬 떨어질 뿐만 아니라 자기 통제의 능력도 낮은 것으로 나타납니다.

이처럼 아이는 자유방임보다는 적절한 간섭을 받아야 좋습니다. 아직 성인도 아닌데 완전한 자유가 주어져버리면 오히려 건강하게 성장할 기회를 잃는 셈이니까요. 따라서 좋은 부모라면 "마음대로 하라"고 하면서 자녀를 완전히 놓아버리지 말고 자유와 규칙, 이 두 가지를 균형 있게 제시해줘야 합니다.

체벌을 대신할 비폭력적 훈육법 3가지

1 — 논리적 결과를 강조하기

아이의 행동이 낳을 결과가 무엇인지 분명히 설명해주는 것이 좋습니다. 예를 들어 동생을 때리면 동생이 아프고 무서워할 것이라고 이야기해주는 것이죠. 소리를 지르면 엄마 아빠가 아주 힘들다고 말합니다. 이런 호소 말고도 따끔한 경고를 할 수도 있습니다. 지금 TV를 끄지 않으면 3일간 TV를 볼 수 없을 것이라고 말하는 겁니다. 지금 행동의 결과가 어떠할 것인지를 설명하고 그 결과에 책임져야 한다고 인식시켜야 합니다.

2 — 민주적 관계 만들기

부모와 자녀는 비민주적인 관계일 수밖에 없습니다. 어떻게 보면 부모는 지시를 내리고 명령을 내리는 권력층이고 아이는 그에 따라야만 하는 위치에 있으니까요. 그런데 자녀와의 관계를 민주적인 관계로 바꾸면 야단이나 체벌로 귀결되는 일을 줄일 수 있습니다. 가장 효과적인 방법은 '나'를 주어로 말하기입니다. "너는 왜 그 모양이니?", "너는 잘못했어"라고 야단치는 대신에 "나(아빠, 엄마)의 마음이 아파", "나는 다르게 생각해"라는 식으로 설득하면 좋습니다. 그러면 권력 서열이 높은 부모가 낮은 아이의 잘못을 지적하며 일방적으로 비난하는 일이 줄어들 것입니다.

3 — 마음 진정시키는 공간 정하기

아이가 문제를 일으켰다면 잠시 벽을 보고 서 있게 해도 됩니다. 그러나 좀 더 편한 자기 방으로 보내면 더 좋습니다. 도를 넘는 행동을 했거나 잘못을 했다면 그 공간에서 마음을 진정시키고 성찰하도록 유도합니다. 미리 그런 공간을 정해두고 문제 행동을 저지른 후에 그곳으로 가 마음을 가라앉히고 반성할 수 있도록 돕습니다.

출처 미국의 교육 사이트 에듀케이션닷컴education.com의 대안

CHAPTER 9

사랑 주는 방법을
몰랐습니다

당나귀의 당근 고문 우화를 아세요? 어떤 사람이 무거운 수레를 끌고 앞으로 나아가는 당나귀 코앞에 당근을 하나 매달아 둡니다. 그런데 한 발 전진하면 당근도 한 발 물러납니다. 당나귀는 아무리 걸어도 당근에 가 닿을 수가 없습니다. 끝없이 걸어도 코앞의 것을 영원히 얻을 수 없는 당나귀를 보면서 저는 우리 아이들이 생각났습니다. 부모는 자녀에게 당근 고문을 가합니다. 사랑과 칭찬과 행복 등을 코앞에 매달아 두고 아이들을 조종합니다. 좋은 성적을 올리거나 착한 일을 하면 칭찬해주며 안아주지만 잠시뿐입니다. 다시 당근 고문이 시작될 것이고 아이들은 당나귀처럼 영문도 모르고 앞으로 걸어갈 겁니다. 이처럼 부모는 자녀에 대한 사랑 표현을 나중으로 연기합니다. 사실 부모들도 어리석은 인간이기에 현재에 불만족하며 미래 어딘가에 행복이 있다고 상상하면서 인생을 허비합니다. 부모 역시 당근 고문을 받으며 불행하게 자랐다는 증거입니다.

사랑에 조건을 달지 마세요

"말 잘 들으면 선물 사줄게"라는 말은 거의 모든 부모가 해본 적이 있을 겁니다. 선물은 사랑의 표현입니다. 따라서 위의 말은 '말을 잘 들으면 사랑을 주겠다'는 뜻입니다. 사랑에 조건이 달려 있으니 '조건부 사랑'입니다.

부모는 보통 자녀의 성적을 가지고 조건부 사랑을 많이 합니다. 성적이 좋으면 아이가 버릇없고 이기적이더라도 저절로 칭찬이 나옵니다. 반대로 성적이 형편없으면 아이가 아무리 예쁜 짓을 해도 표정이 어둡습니다. 제 지인 중 하나는 아이에게 솔직한 마음을 불쑥 드러낸 적이 있다고 하더군요. 아이 앞에서 "공부를 잘해야 칭찬해주지"라고 말해버렸다는 것입니다. 지인은 "내가 왜 그런 말을 했을까"라면서 후회했지만 벌써 아이 마음속에 그 말이 새겨진

뒤였습니다. 그 말은 이런 뜻을 내포합니다.

성적을 올릴 때까지 칭찬을 하지 않겠다. (매몰찬 거절)

넌 공부를 못하니 칭찬받을 자격이 없다. (차가운 비하)

칭찬은 사랑의 표현입니다. 공부를 못한다고 사랑을 해주지 않는 건 잔인합니다. 아주대학교 의과대학의 조선미 교수는 EBS 다큐프라임 〈가족 쇼크〉 6부에서 이런 세태를 질타했습니다.

"공부 잘하는 아이들은 학교에서 칭찬받아요. 공부를 못하는 아이들이 칭찬받으라고 부모가 있는 겁니다."

아주 신랄한 지적입니다. 성적이 좋지 않은 아이는 어디에서 칭찬을 받아야 하나요? 믿을 사람은 부모뿐입니다. 부모 된 도리로서 자녀에게 사랑은 의무이므로 부모는 칭찬해줘야 합니다. 그런데 자녀가 성적이 좋지 않으면 부모는 냉정하게 입을 닫습니다. 슬픈 현실입니다. 굳이 성적이 아니더라도 사랑에 조건을 내거는 말은 많습니다.

"그 책을 다 읽으면 뽀뽀해줄게."

"등수를 10등 올리면 그거 사줄게."

"컴퓨터 게임을 줄이면 돈 줄게."

"아빠 말을 잘 들으면 안아줄게."

사랑에 조건을 달지 마세요.

하나같이 조건을 달았고 그 조건을 충족하면 사랑을 해주고 선물을 주겠다는 뜻입니다. 저도 평생 이렇게 이런저런 미끼를 내세워 제가 원하는 방향으로 아이를 유인하며 키웠습니다. 아이에게 동기를 부여하는 훈육법이니 전혀 문제 될 게 없을 것 같았습니다.

그런데 '~하면 ~해주겠다'고 말하며 아이를 길러온 저를 낙담하게 만든 칼럼이 있습니다. 미국의 교육 전문가 알피 콘Alfie Kohn이 2009년 9월 〈뉴욕타임스〉에 쓴 칼럼이 바로 그것입니다. '부모의 사랑이 조건과 함께 오면When a Parent's Love Comes With Conditions'이라는 제목의 이 칼럼에 따르면 "그 책 다 읽으면 뽀뽀해줄게"나 "공부 열심히 하면 용돈 줄게"라는 말이 문제입니다. 그런 말 때문에 아이가 수동적이게 되고 부모를 싫어하게 된다는 겁니다. 왜 그럴까요? 첫 번째로 조건부 사랑이 수동적인 성격을 만든다는 점을 보겠습니다. 부모가 "공부를 하면 사랑을 주겠다"고 해서 아이가 공부를 열심히 한들 그건 자발적 선택이 아닙니다. 억지로 공부한 것이죠. 조건부 사랑은 아이를 움직이게는 하지만 수동적인 성격을 만드는 이유입니다.

두 번째로 조건부 사랑 때문에 아이가 부모를 미워하게 된다는 것입니다. 성적을 올리거나 좋은 일을 해야만 부모가 칭찬해주는 상황을 가정해보겠습니다. 여기서 '칭찬'은 힘들게 노력을 해야만 받을 수 있는 보상입니다. 어떤 상황에서도 부모가 실컷 칭찬을 해주고 마음껏 사랑해주는 게 맞습니다. 그런데 부모가 조건을 겁니다. 그것도 까다로운 조건입니다. 칭찬과 사랑을 받을 기회가 멀어진 겁니다. 모두 부모가 꾸민 일입니다. 아이 입장에서는 부모가 얼마나 원망스러울까요?

"책 다 읽으면 뽀뽀해줄게"도 좋은 표현이 아니에요. 뽀뽀는 언제 어디서든 마음껏 해줄 수 있는 겁니다. 그런데 뽀뽀에 조건을 달았습니다. 책을 다 읽어야 뽀뽀도 받고 사랑도 받을 자격이 있다는 겁니다. 그런 말을 해서 아이가 책을 읽는다고 해도 자발적인 것이 아닙니다. 마지못해 읽는 것이죠. 또 뽀뽀에 까다로운 조건을 달아놓은 엄마가 미울 거예요. "말 잘 들으면 선물 사줄게"도 좋은 말이 아닙니다. 아이가 설사 부모 말을 따른다고 해도 자존심이 상할 거예요.

조건부 사랑이 나쁘다면 좋은 사랑의 방법도 있습니다. 바로 '무조건적인 사랑'입니다. 성적이 좋거나 나쁘거나 가끔 반항해도 너그러이 이해하고 사랑해주는 부모입니다. 물론 절대 쉬운 일이 아니죠. 저도 그런 사랑을 베풀지 못했습니다. 사실 자녀의 생활이 흐트러져 있으면 사랑은커녕 짜증이 치솟는 게 당연합니다. 그래도 꾹꾹 눌러 참고 자녀에게 이렇게 말해줘야 합니다.

"성적이 나쁘지만, 박수를 보낸다. 고생했다. 사랑한다."
"시험에 떨어졌다고 너무 상심하지 마라. 어떤 경우에도 엄마 아빠는 너를 사랑한다."

물론 낯간지러워서 입 밖에 내기 어려울 수도 있어요. 그런데 이제 근엄한 선비 같은 부모가 될 필요는 없지요. 엄격, 근엄, 진지, 즉 '엄근진'의 시대는 갔습니다. 감성의 시대인 21세기에는 이를테면 심하게 표정이 풍부한 카톡 캐릭터들을 본받아야 할지도 모릅니다.

죄의식을 심어주는 말
"너한테 완전히 실망했다"

부모의 기대가 너무 높지 않은지
자문해보세요

실망스러운 사람이 된다는 건 슬픈 일입니다. 그런데 부모는 자녀의 잘못을 지적할 때 '실망'이라는 단어를 자주 씁니다.

"너에게 실망했다. 성적이 또 떨어졌네."

"너에게 실망했다. 어떻게 엄마에게 그런 말을 하니?"

한번 돌아볼 필요가 있습니다. 아이에게 죄의식을 심어주면서까지 아이를 통제해야 하는 걸까요? 제 생각에는 아무리 훈육 효과가 좋아도 '실망했다'라는 표현은 쓰지 않는 게 좋을 것 같습니다. 아이가 알 수 없는 죄책감에 빠지게 만들기 때문입니다. 또 아이가 부모에게 반감을 가질 확률도 높습니다. 납득이 안 된다면 역지사지로 생각해보면 됩니다. 아홉 살 아이가 부모에게 이렇게 말하면 어떨까요?

"엄마한테 실망했어요. 음식이 맛이 없어요."

"아빠한테 실망했어요. 장난감이 너무 싸구려예요."

위 말을 들은 부모는 충격이 클 거예요. 불쾌하기도 할 겁니다. 마음 같아서는 아이에게 너무 심한 말 아니냐고 따지고 싶을 거예요. 그러니까 '실망'이라는 단어를 가정에서 아예 몰아내 버리는 것은 어떨까요? 모두에게 상처를 주는 그 표현을 쓰지 않고도 자녀 교육이 가능할 것 같습니다. 그렇다면 실망을 빼고 훈계를 해 볼까요?

"실망했다. 성적이 또 떨어졌네."

→ "성적이 떨어졌구나. 이러면 안 돼. 열심히 공부해야 해."

"실망이다. 어떻게 엄마에게 그런 말을 하니?"

→ "엄마에게 상처 주는 말을 한 건 잘못이야. 반성해야 해."

'실망'을 빼니까 분위기가 훨씬 명료해졌습니다. 아이에 대한 공격을 쏙 뺐기 때문에 훨씬 표현이 편안해졌습니다. 당연히 아이가 상처를 받을 가능성도 낮아집니다.

위에서 저는 '실망이다'라는 말이 아주 나쁘니까 몰아내야 한다고 주장했습니다. 반론이 있을 수 있습니다. "아이를 조종하기 위해 '실망했다'고 말하는 게 아니다. 아이에게 진심으로 실망해서 실망했다고 하는데 그것도 잘못이냐?"라고 말이죠.

그렇습니다. 부모는 분명히 자녀에게 실망할 때가 있지요. 실망도 자연스러운 감정이니까요. 하지만 실망을 '자주' 하면 문제입니다. 실망감이 커도 주의해야 합니다. 부모가 큰 실망을 자주 느끼면 아이가 아니라 부모가 원인일 가능성이 크니까요. 여기 두 가지 점을 체크해볼 필요가 있습니다.

첫 번째로 부모의 기대가 올바른지 따져봐야 합니다. 부모가 아이에게 너무 비현실적이거나 지나치게 높은 기대를 하는 것은 아닌지 점검해보면 좋습니다. 아이에게 너무 높은 성적을 원했던 것은 아닐까요? 또는 운동 신경이 부족한 아이에게 우승을 기대했던 것은 아닐까요? 이처럼 과도하고 비현실적인 기대를 하면 자주 실망하게 됩니다. 이 경우 당연히 부모에게 더 큰 책임이 있겠죠.

두 번째로 아이를 있는 그대로 인정할 수는 없는지 자문해야 합니다. 현재 아이의 모습에 문제가 있다고 생각하니 실망하는 것입니다. 그런데 문제가 없는 사람은 존재하지 않죠. 또 사람에게 몇 가지 단점이 있다고 인생이 망하는 것은 아닙니다. 부모도 문제가 있지만 잘 살고 있지 않습니까. 자녀에게 작은 문제가 있어도 이해하고 안아준다면 실망이 줄어들 것입니다.

사랑하는 자녀에 대한 기대를 남김없이 접을 수야 없겠죠. 하지만 과도한 기대는 멍에입니다. 소 목덜미를 누르는 멍에처럼 잘못된 기대가 아이들의 날갯짓을 방해할 수 있습니다. 부모 역시 어릴 적 주변의 기대감이 무척 싫었을 겁니다. 힘들었을 게 분명합니다.

이제는 우리 차례입니다. 비현실적인 기대감을 깨끗이 접는 게 자녀를 진정으로 사랑하는 길입니다. 기대감이라는 족쇄에서 풀려나야 아이들은 훨훨 자유롭게 날아오를 수 있을 거예요.

온전히 기뻐할 수 없게 하는 말
"잘했다, 그런데…"

아이에게 남김없이 칭찬해주세요

부모는 자녀가 행복하길 바랄까요, 아니면 불행하길 바랄까요? 부모라면 자녀의 행복을 원한다고 만장일치로 답할 겁니다. 그런 데 이상합니다. 사실은 자녀에게 매일 불행을 강요하고 있거든요. 내일 올, 저 멀리 있는 행복을 위해 오늘은 좀 힘들더라도 참고 노 력해야 한다고 강요하는 게 한국 부모들의 정서입니다. 이것은 마 치 밥을 나중에 맛있게 먹으라고 아이를 오랫동안 굶기는 것과 비 슷합니다. 여기서 '불행'을 '불만족'으로 바꿔서 생각해보면 더 명 확해집니다. 대부분의 부모는 자녀에게 매일매일 불만족하며 사는 것 같습니다. 자녀의 현재를 보지 않고 "잘했다. 그런데…"를 덧붙 이곤 하니까요.

"저 영어 점수가 95점이에요."

"잘했다. 그런데 100점 맞을 수 있었지?"

"이번에는 100점 받았어요."

"잘했다. 그런데 진작 이러지 그랬어?"

"이번에도 100점이에요."

"잘했다. 그런데 항상 이래야 한다."

'잘했다'는 명백한 칭찬입니다. 자녀가 부모에게 이런 칭찬을 들으면 기분이 굉장히 좋아지겠죠. 하지만 '잘했다' 다음에 '그런데'가 곧바로 이어지면 칭찬받은 기쁨은 빠르게 사라지고 불행감이 빠르게 가슴을 파고듭니다. 온전히 기뻐하지 못하고 뭔가 부족하다는 생각이 들면서 불안해지고 지금은 기뻐할 때가 아니라고 생각하게 됩니다. 이렇듯 '그런데'는 기분을 순식간에 잡치게 만드는 폭탄 같은 부사입니다. 행복하고 기쁜 마음을 한순간에 날려버리는 '말 폭탄'이죠. 그런 '말 폭탄'을 딴 사람도 아닌 부모가 많이 투척합니다. 왜 그럴까요?

바로 부모의 불안 때문입니다. 칭찬을 해주면 아이가 현재에 만족할 것이고 그러면 노력을 하지 않아서 결국 실패한 인생을 살지도 모른다고 불안해하는 겁니다. 즉, 수십 년 후의 불안한 상황을 상상하면서 부모는 "그런데 말이야"라고 덧붙이는 겁니다.

그런데 그런 불안이 타당할까요? 칭찬을 자주 들은 아이는 게으름뱅이가 되고 인생을 실패하게 될까요?

결국 자녀에 대한 깊은 사랑 때문에 자녀를 괴롭히는 셈이 됩니다. 그런데 당하는 아이의 입장은 어떨까요? 부모의 칭찬 뒤에 따라붙는 '그런데'라는 말은 자녀의 만족감과 성취감을 앗아갑니다. 분명히 좋은 성과가 있는데도 부모가 시원하게 잘했다고 칭찬해주지 않습니다. 인정을 좀 받고 싶어 자랑했는데 누가 "그런데 말이다"라면서 기분을 망친다고 생각해보세요. 당연히 다시는 자랑하고 싶지 않을 것이고 함께 대화하기도 싫어질 겁니다. '그런데'라는 '말 폭탄'이 자녀와 부모의 대화의 길을 끊어놓는 셈입니다.

그럼 어떻게 하면 될까요? 간단합니다. '그런데'를 빼면 됩니다. 예를 들어 이렇게 칭찬하는 거예요.

"나 영어 점수가 95점이에요."
"우리 딸 잘했다. 기쁘다."
"나 이번에는 100점 받았어요."
"우리 딸 잘했다. 더 기쁘다."

이렇듯 '그런데'를 빼야 진정한 칭찬이 됩니다. 아이는 성취의 기쁨을 맛볼 것이고 고래처럼 춤을 추면서 더 큰 성취를 향해 나갈 것입니다. 아울러 부모와의 대화도 즐겁겠죠. 한편 '그런데'라는 말이 항상 나쁜 말은 아닙니다. 긍정적으로도 쓰일 수도 있습니다.

"엄마. 나 수학 점수가 60점이에요."

"에휴. 너무 못했구나. 그런데 분명히 나아질 거야."

이렇듯 부정적인 말에 '그런데'를 붙이면 희망적인 말이 됩니다. 알고보니 '그런데'는 마법 같은 접속사입니다. 뜻밖의 반전을 일으킵니다. "그런데 열심히 했어?"라고 물으면 부정적입니다. 아이의 행복을 지연시킵니다. 대신 "그런데 잘했다"라고 하면 긍정적입니다. 아이를 당장 행복하게 합니다. '그런데'만 잘 써도 좋은 부모가 될 것 같네요.

아이의 동의하에 약속을 정하세요

저희 집에서 있었던 일입니다. 아이는 하루에 세 시간은 휴대폰을 방 밖에 내놓기로 약속했습니다. 저는 모르는 척하면서도 휴대폰이 나와 있는 시간을 꼼꼼히 쟀습니다. 그러나 시간이 점점 짧아졌지요. 하루 세 시간이 원래 약속이었는데 얼마 지나지 않아 두 시간을 채우지 못했고 또 한 시간 남짓인 날도 많아졌습니다. 결국 제가 아이를 세워놓고 꾸짖었습니다.

"넌 왜 약속을 안 지키니?"

왜 아이들은 그렇게 하나같이 부모와의 약속을 지키지 않을까요? 그러나 놀랍게도 아이가 약속을 어기는 것은 아이의 잘못이 아니라 부모 때문입니다. 부모가 약속을 교묘하게 이용하는 게 근본 원인입니다.

우선 약속이 공정하게 만들어지지 않았습니다. 약속의 내용을 결정하는 쪽은 자녀가 아니라 부모지요. 당연히 부모가 원하는 것들로만 약속이 채워집니다. 예를 들어 '매일 5시간씩 논다'거나 '주말에는 온종일 스마트폰과 컴퓨터 게임을 한다'처럼 아이들이 좋아할 약속을 해주는 부모는 거의 없습니다. 부모와 자녀는 보통 아래와 같은 약속을 합니다.

'새벽 1시까지 공부한다.'

'컴퓨터 게임은 평일에는 하지 않는다.'

이처럼 약속은 대부분의 부모가 원하는 것들이며 또 아이로서는 실행하기 어려운 과제들입니다. 불공정 계약에 가깝지요. 그럼 어떻게 해야 할까요? 동등한 자격에서 체결하는 약속이라면 아이도 반길 것 같습니다. 무엇보다 부모의 소망과 아이의 소망을 절충해야 합니다. 또 아이가 성취할 수 있는 목표가 제시되어야 하고요. 그러면 아이가 약속을 지키는 날이 많아질 것입니다. 그에 따라 공격은 사라지고 "우리 딸, 이번에도 약속을 지켰네"라고 훈훈한 말이 자주 오고 가게 될 것입니다.

끝으로 재미있는 타산지석의 사례를 소개하겠습니다. 미국의 엄마 커뮤니티 마마피디아mamapedia.com에 올라온 한 엄마의 고민입니다. 다섯 살 된 딸이 약속을 지키지 않아 속상하다는 내용이었습니다.

"야외 공원에 간 날이었지요. 사람이 많아서 오래 걸어야 한다고 아이에게 말했어요. 아이가 씩씩하게 약속하더군요. "괜찮아요. 많이 걸어도 돼요. 불평하지 않을게요." 하지만 아이는 약속을 깨버리더군요. 아주 심하게 징징거리고 불평했죠. 또 핫도그를 하나 사서 반으로 나눠주려고 했어요. 그러자 딸은 자기가 혼자 다 먹을 수 있다고 했어요. 남기지 않겠다고 약속했죠. 하지만 아니나 다를까 먹다 남겼어요. 또 남은 핫도그를 저녁밥으로 먹겠다고 했지만, 저녁 시간이 되자 그 약속도 팽개쳤어요. 그뿐인 줄 아세요? 예쁜 머리핀을 굳이 가지고 나가겠다고 해서 잃어버리지 말라고 했어요. 딸은 약속했죠. 절대 잃어버리지 않도록 신경 쓰겠다고요. 그러나 잃어버렸어요."

엄마 말에 따르면 딸은 약속을 하고 번번이 뻔뻔하게 깨버립니다. 엄마는 속상하다고 네티즌에게 하소연했습니다. 그런데 우습지 않나요? 다섯 살 아이가 뭘 알고 약속을 했겠어요? 그렇게 많이 걸을 줄은 전혀 예상치 못한 것일 뿐입니다. 핫도그에 비해 내 위장이 이렇게 작은 줄은 꿈에도 몰랐겠지요. 멋도 모르고 한 약속이니까 깨는 게 자연스럽습니다.

약속을 어기는 사람은 사회성이 낮습니다. 짜증나는 게 당연합니다. 하지만 어린 자녀의 경우 너무 걱정할 필요는 없을 겁니다. 아이가 부모와의 약속을 깨는 건 지킬 수 없다는 걸 모르고 약속을 하기 때문입니다. 자라면 나아질 겁니다. 또 부모의 책임도 있습니다. 지킬 수 없는 힘든 목표를 받아들이게 아이를 유도하는 경우가 많으니까요. 아이가 약속을 자주 깨더라도 실망하지 않아도 됩니다. 무리한 약속이 나쁜 거지 아이가 나쁜 게 아닙니다. 자녀가 지킬 수 있는 착한 약속을 많이 고안하는 게 부모의 중요한 역할일 겁니다. 약속을 잘 지켜 칭찬을 많이 받는 아이가 나중에 좋은 사회성을 갖게 될 테니까요.

자녀를 사랑해주는 좋은 방법

1 — 조건을 달지 않기

"성적 오르면 선물 사줄게"라고 말하지 않습니다. 조건부 사랑은 여러 면에서 자녀에게 좋지 못한 영향을 줍니다. 따라서 조건 없이 사랑을 표현하는 연습을 하는 것이 좋습니다.

2 — 죄의식을 이용해 통제하지 말기

아이를 좋은 방향으로 이끌기 위해 죄의식을 이용하는 부모들이 많습니다. 예를 들어 '실망했다'라는 말을 쓰지 말아야 해요. 자녀에게 죄책감을 주기 때문입니다.

3 — 아직도 부족하다고 말하지 않기

부모들은 좋은 결과가 있는 자녀에게 "잘했다. 그런데…"라는 말을 많이 합니다. 물론 자녀를 사랑해서 하는 말입니다. 그러나 칭찬받으리라 기대했는데 예상치 못한 채찍질을 당한 자녀는 마음의 상처를 입게 됩니다. 그러므로 '그런데'를 달지 말고 온전히 칭찬해주는 게 사랑입니다.

4 — 억지 약속을 만들지 않기

일부 부모들은 억지 약속을 만들어 아이를 통제하려 합니다. 부모의 계획대로 옭아매려고 하는 것이죠. 이것도 현명한 사랑의 방법이 아닙니다. 아이와 함께 지킬 수 있는 약속을 정하고 약속을 잘 지키면 칭찬해주는 것이 좋습니다.

CHAPTER 10

아이의 자존감을
해친 것 같습니다

저는 제 아이가 튼튼한 자존감을 갖길 바랐습니다. 자신을 소중히 여기고 힘든 일이 있어도 빨리 밝은 마음을 되찾으며 언제나 낙관적이길 소망했습니다. 부모로서 노력도 했습니다. 그런데 결과가 어떻게 되었냐고요? 성공적이지 않습니다. 아이가 편안하지 않고 불안정한 편에 속합니다. 자신에 대한 불만족도 큽니다. 자녀 성격의 단점이 모두 부모 책임은 아닐 겁니다. 또 만점짜리 자존감이란 개념에 불과하고 모든 아이의 자존감에 크고 작은 상처가 있을 수밖에 없습니다. 그래도 안타깝습니다. 마음이 좀 더 단단하도록 아이를 보살피지 못한 게 후회됩니다. 저는 돌아봤습니다. 저의 어떤 말이 아이의 자존감을 다치게 했던가 성찰했습니다. 또 가까운 친구와 친척의 말도 관찰했습니다. 알고 보니 우리 부모들은 인식도 못하면서 자녀의 자존감에 상처를 남기고 있었습니다.

불안을 키우는 말
"꼴 보기 싫어, 저리 가"

아이 마음을 따뜻하게 안아주세요

저는 집에서 일을 했기 때문에 제 방에 있을 때가 많았습니다. 아이는 제가 뭘 하는지 궁금해했죠. 아이가 어릴 때 제 방에 자주 들어오곤 했는데 저는 그럴 때마다 따뜻하지 못하고 사무적으로 대했습니다. 아이에게 할 일이 많으니까 방에서 나가라고 부탁했습니다. 시선은 모니터에 고정한 채로 말입니다.

아이가 초등학교 때 이번에는 제가 아이의 방을 노크할 일이 있었습니다. 아이는 책상에서 뭔가에 열중하고 있더군요. 아이는 저를 힐끗 보더니 말했습니다.

"나가줄래요? 바빠서요. 죄송해요."

저는 굉장히 서운했습니다. 쫓겨나는 기분이었거든요. 제가 아이에게 바쁘니까 나가달라고 할 때는 몰랐는데 막상 당해보니 충격이었습니다. 제가 아이에게 좀 더 따뜻하게 대했어야 했다는 생각이 들었습니다.

심리학에 '거절'이라는 개념이 있습니다. 친구에게 놀러 가자고 했는데 싫다는 답을 들었을 때, 혹은 좋아하는 사람에게 데이트를 하자고 제안했다가 퇴짜를 맞았을 때가 모두 '거절'에 해당됩니다. 이런 거절은 친구 사이나 직장 동료끼리 말고도 부모로부터 자녀에게로 아무렇지 않게 행해지기도 합니다. 아래의 말이 그런 거절의 표현들입니다.

"꼴 보기 싫어. 저리 가."
"더 이상 듣기 싫어. 조용히 해."

저 자신도 짜증 나거나 만사가 다 귀찮을 때 아이에게 저런 거절의 말을 던지곤 했습니다.

그런데 놀라운 건 사춘기가 넘은 아이에게도 종종 이런 말을 하는 부모가 있다는 것입니다.

"나는 너 가출해도 아무렇지도 않다."
"네가 어떻게 되건 난 상관없다."
"연락하지 마라. 다신 찾아오지도 마라."

자녀와 심하게 다투고 나서 하는, 강도가 아주 센 거절의 말인데요. 이런 말을 듣는 자녀는 버림받는 느낌일 겁니다. 관계가 끝나는 기분이 들 거고요.

이처럼 거절을 지속해서 당하면 아이들은 여러 심리적 고통을 받게 된다고 합니다. 2012년 미국의 심리학자 로널드 로너Ronald Rohner 교수가 〈성격과 사회심리학 저널Journal of Personality and Social Psychology〉에 발표한 논문에 따르면, 거절 중에서도 부모의 거절이 아이의 인성에 가장 강하고 오랫동안 나쁜 영향을 줍니다. 거절을 많이 당했던 아이들은 공통의 성향을 보입니다. 첫째, 심리적 불안입니다. 거절당한 경험이 많으면 항상 불안합니다. 당연하겠죠. 언제 또 거절당하고 버림받을지 모르니까요. 편안할 수 없을 겁니다. 둘째, 거절을 많이 당하면 공격성도 높아지고 타인을 불신하게 됩니다. 거절은 '상처 주기'이므로 타인이 나에게 상처를 준다면 나는 타인이 자연히 싫어집니다. 자신도 모르게 공격성을 드러낼 수도 있겠죠. 또 상처를 주는 타인을 불신하게 되는 것도 당연할 것입니다. 셋째, 거절은 자존감도 크게 훼손시킵니다. 중요한 사람들로부터 거절을 자주 당한 아이는 자신의 가치를 낮게 볼 수밖에 없습니다. 늘 자신이 문제가 있다고 믿게 되는 겁니다. 특히 부모의 거절은 아이의 자존감에 결정타입니다. 이것들이 모두 부모로서 마음을 굳게 먹고 거절의 말을 줄여야 하는 이유이지요.

거절의 반대 개념도 있습니다. 바로 '수용'입니다. '포용'으로 바꿔 말하면 뜻이 쉽게 와닿을 겁니다. 받아들여 주는 것이죠. 자녀의 생각과 기분을 끌어안아 주는 것입니다. 이렇게 말하는 것이 포용입니다.

> "친구랑 다퉜어? 정말? 어떡해."
> "네 말이 무슨 뜻인지 알겠어."
> "충분히 이해한다."

포용의 핵심은 아이의 이야기를 잘 들어주는 것입니다. 그리고 관용도 포용의 필수 요소입니다. 가령 아이가 거짓말을 한다고 해도 잘 들어주는 것입니다. "쓸데없는 소리 하지 마", "듣기 싫어" 하며 걷어차는 것이 아니라 관용하면서 받아주는 것입니다.

앞으로 아래와 같은 차가운 거절의 표현을 따뜻한 포용의 표현으로 바꿔 말하는 연습을 해보면 어떨까요?

> "꼴 보기 싫어. 저리 가." → "가까이 와. 안아보자."
> "말하기 싫어. 조용히 해." → "네 말을 이해하기 어렵지만 좀 더 들어보자."
> "우리는 너 필요 없어." → "엄마 아빠는 너 없이는 못 살아. 그러니까 착하게 말해줘."

물론 곱게 이야기할 수 없는 순간들도 찾아옵니다. 자녀가 정말

꼴도 보기 싫을 때가 분명히 있지요. 고운 말이 안 나온다면 차라리 침묵하는 게 낫습니다. 또 그 자리를 뜨는 것도 차선은 될 거예요. 그렇지 않고 "저리 가" 또는 "입 닫아"라고 말해 버리면 최악이죠. 인과관계가 단순 명백합니다. 거절을 당하면 자기 존중감에 상처가 나고 포용을 경험하면 자기 존중감이 높아집니다. 부모님으로서는 선택의 여지가 없어요. 포용을 해줘야죠. 육아의 90%는 '인내'라고 되뇌면서 견뎌야 하는 순간이 부모에게 참 자주 찾아옵니다.

자신감을 지우는 말
"우리 형편에 그건 못 사"

차라리 허세를 부리세요

어릴 때 상처가 된 말은 수십 년이 지나도 잊히지 않습니다. 저는 '돈이 없어서 안 된다'라는 부모의 말이 항상 마음에 남아 있습니다. 물론 힘드셨으니까 이해합니다. 저도 가족 부양이 얼마나 힘든지 세상을 살면서 배웠습니다. 그래서 전혀 원망하지도 않아요. 그래도 어린 저는 그 말이 무척 슬펐습니다.

저는 초등학교 때 아람단이 되고 싶었습니다. 회비도 내고 옷도 사야 했죠. 어머니도 처음에는 동의하셨는데 며칠 후 말씀을 바꾸셨어요. 돈이 없어서 어렵겠다는 것이었습니다. 저는 그때 슬프기만 한 게 아니었습니다. 일종의 무력감을 느꼈습니다. 자존감도 상했을 겁니다. 그런데 몇십 년이 지나고 제가 부모가 되고 나니 저도 비슷한 말을 제 아이에게 하게 되더군요.

"너무 비싸."

"우리 형편에 그런 걸 어떻게 사니?"

"우리는 능력 없다."

심사숙고하거나 진지하게 뱉은 말은 아니었습니다. 장난감을 사달라는 아이를 포기하게 만들려고 아무렇게나 내뱉은 말이지요. 사실 그런 말을 했다는 걸 잊고 있었습니다. 그런데 미국의 재무 전문가 섀넌 라이언Shannon Ryan이 홈페이지 더헤비퍼스 theheavypurse.com에 쓴 글을 읽다가 가슴이 철렁하는 느낌이 들었습니다. 그는 경제 전문가로서 '아이에게 해서는 안 되는 말'을 꼽았는데 그중 하나가 제가 어머니에게 들었고 제 아이에게 했던 말이었습니다.

"우리 형편에 그거 못 사."

예민한 아이는 이런 말을 들으면 자존감에 상처를 입는다고 합니다. 일단 자신이 원하는 걸 할 수 없는 집안 재정 상태에 무력감이 들 것입니다. 그리고 '나는 원하는 것도 살 수 없는 집안의 아이'라는 생각이 들면 아이의 자기 평가가 낮아지는 게 당연할 겁니다. 그러면 이 상황에 대해 부모가 어떻게 설명하면 좋을까요? 미국의 아동 교육 잡지 〈마털리motherly〉에서 교육 전문가 웬디 스나이더 Wendy Snyder는 이렇게 말하라고 조언합니다.

"엄마는 지금은 안 사주고 싶어. 나중에 네 생일 선물로 원한다면 그때 사줄게."

여기서 핵심 포인트는 '못 산다'가 아니고 '안 산다'입니다. 가난해서가 '못' 사는 게 아니라 원치 않아서 '안' 산다는 뜻입니다. 또 '지금'은 아니지만 '나중'에는 됩니다. 엄마가 이렇게 말해주면 아이가 슬퍼하지 않고 희망을 품게 될 것입니다. 위의 조언은 얼마든지 응용할 수 있습니다.

"우리는 더 좋은 걸 사려고 저축하고 있어서 돈을 아껴야 한단다. 미안하다."
"저런 물건은 돈이 있어도 사지 않을 거야."
"돈을 다른 곳에 써야겠어. 장난감은 참아줘."

허세이거나 거짓말일 수도 있습니다. 그래도 그렇게 말하는 것이 좋습니다. 특히 아이가 초등학교 입학 전이거나 저학년이라면 더욱 말이죠. 그래야 아이의 자존감이 상처를 입지 않을 테니까요.
경제적 어려움은 죄가 아닙니다. 또 아이가 성장하면 솔직하게 말해야 하고 아이가 이해할 수 있는 시기도 찾아올 겁니다. 그렇지만 자녀가 어린 시절에는 솔직하게 다 말할 필요는 없습니다. 또 하나의 팁을 드리자면 안 좋은 경제 사정처럼 약한 마음도 습관처럼 드러내는 것은 좋지 않다는 겁니다. 아이가 사고를 내거나 실망스러운 행동을 하면 이렇게 말하는 엄마 아빠가 있습니다.

"네가 이러면 아빠는 울고 싶어."

"네가 이러면 엄마는 무척 슬퍼."

엄마 아빠의 약한 마음을 노골적으로 드러내고 있습니다. 자녀가 자극을 받아서 좀 더 바르게 행동하길 바라는 의도는 알겠습니다. 그런데 이렇게 부모의 나약한 감정을 자녀 앞에서 다 드러내고 나면 자녀는 엄마 아빠의 걱정까지 다 짊어지고 살아야 할 것입니다. 따라서 부모는 자녀에게만은 낙관적으로 마음을 표현하는 게 좋습니다.

"아빠는 흔들리지 않아. 아빠는 강한 사람이야."

"그 정도는 괜찮아. 엄마는 전혀 안 슬퍼. 걱정하지 마."

물론 엄마 아빠도 사람이니까 마음이 약해질 때가 있습니다. 그러나 어린 자녀에게는 엄마 아빠가 이 세상 유일의 보호자입니다. 그러니 엄마 아빠가 약해지면 아이의 입장에서는 보호막이 쓰러지는 게 됩니다. 그렇다고 부모가 자신의 약한 모습을 끝까지 숨겨야 하는 건 아닙니다. 가난이 죄도 아니고 언젠가 자녀가 부모의 상황을 이해해줄 날도 오겠죠. 다만 자녀가 어릴 때는 덮어두는 게 좋지 않을까 싶습니다. 자녀가 감당할 수 있을 때까지 그림자를 잘 숨기는 것도 부모의 할 일이라고 저는 생각합니다.

열등감을 키우는 말
"오빠를 닮아봐라"

아이의 고유한 장점에 주목하세요

"그 친구의 장점을 좀 배워. 걔는 얌전하잖아."

"오빠는 수학 성적도 좋고 수학을 참 좋아하는데 너도 그런 자세를 배워."

위와 같은 흔한 조언들은 비현실적입니다. 친구가 얌전한 걸 내가 따라 할 수는 없죠. 오빠는 이유가 있어서 수학을 좋아하는 건데 내가 어떻게 그 자세를 배울 수 있겠습니까? 이처럼 남을 본받으라는 조언은 틀렸을 뿐 아니라 나쁩니다. 사람의 개성을 무시하는 태도이기 때문입니다. 오빠는 오빠고 나는 나입니다. 친구는 친구고 나는 또 다른 존재입니다. 각자는 개별적인 존재이니까 각자의 장단점을 살리면서 알아서 행복하게 잘 살면 됩니다.

그런데 남과 비교하는 말들이 이 개성들을 깡그리 무너트립니다. 순간적으로 나는 내가 아니라, 남보다 못한 내가 되어버립니다. 나는 내가 아니라, 오빠보다 못한 내가 되죠. 멀쩡한 내가 초라해집니다. 비참한 느낌이 들지요. 이래서 비교가 나쁜 것입니다. 따라서 부모는 자녀를 누군가와 절대 비교하지 말아야 합니다. 이 쉽고도 뻔한 진리를 부모는 번번이 위반합니다. 심지어 비교는 갈수록 정교해지고 끝도 없습니다.

"나는 수학을 잘했는데 우리 아들은 왜 이렇지?"
"네 사촌 언니는 키가 큰데 너는 왜 이렇게 작을까?"
"친구들은 빨강 옷을 좋아하는데 너는 왜 싫어해?"

무의미한 소리입니다. 엄마가 수학을 잘한 것은 나와는 무관한 엄마 사정입니다. 사촌이 나보다 키가 큰 것이나 친구들이 빨강 옷을 좋아하는 것은 나와는 아무 관계가 없습니다. 파푸아뉴기니에서 지금 내리는 비처럼 나와는 아무런 상관 없는 일인 거죠.
엄마가 아이 친구의 장점을 인정해주는 건 좋습니다. 친구가 운동을 잘한다거나 친절하다면서 박수를 보내는 게 뭐 어떤가요? 그런데 칭찬에서 그치지 않고 비교가 시작된다면 그건 좋지 않습니다. "그 친구는 그렇게 잘한다는데 너는…"이라고 말하는 순간 자녀를 '비교 지옥'에 빠트리는 셈입니다. 그럴 땐 이렇게 말하는 게 낫습니다.

"걔는 수영을 참 잘해. 하지만 따라 할 필요는 없다. 너는 너니까."

저도 이렇게 분별력 있는 말을 자주 했다면 좋은 부모가 되었을 것입니다.

우리 사회의 부모는 유독 비교 본능이 강합니다. 이웃과 자신을 비교하면서 자신만 괴로워하면 될 텐데 거기서 멈추지 않습니다. 이웃집 아이와 비교함으로써 끝내 자기 아이까지 고통스럽게 만들어야 직성이 풀리죠. 그런데 알고 보면 그런 부모도 불쌍합니다. 어릴 때부터 비교를 당하다 보니 비교에 중독된 상태입니다. 문제는 무의식중에 자녀까지 감염시키고야 만다는 점이죠.

자녀의 자존감을 보호하기 위해서는 다음과 같이 해야 한다고 전문가들은 조언합니다. 미국 교육 사이트parents.com와 싱가포르의 교육 사이트family.org.sg, 그리고 미국 심리학 매체〈사이콜로지 투데이〉에 소개된 정보를 종합 축약하였습니다.

첫째, 아이를 친구나 형제와 비교하지 말아야 합니다. 부모 자신은 물론이고 링컨이나 착한 콩쥐와 비교하는 것도 좋지 않아요. 아이에게 너는 비교 불가능한 독자적 존재라고 말해주세요.

둘째, 아이의 고유한 장점에 주목하세요. 밝고 긍정적이지 않아도 상관없습니다. 소심한 아이는 세심한 것이고 슬픔이 많다면 감성이 세련된 것입니다. 모두 고유한 장점이라고 박수를 보내주세요.

셋째, 자녀 본인이 원하는 대로 무엇이든 선택할 수 있다고 말해

아이에게 비교 불가능한 독자적 존재라고 말해주세요.

주세요. 선택은 자녀 개인의 자유라고 일러주는 겁니다.

넷째, 아이가 무엇을 입건 어떤 음식을 좋아하건 심각한 문제가 아니라면 상관하지 마세요. 취향 존중이 건강한 개인주의자를 길러냅니다.

비교 습관이 해로운 건 사실이지만 비교가 모조리 나쁘지는 않은 것 같아요. 좋은 비교도 있지요. "걔는 성적이 안 좋아도 주눅들지 않더라. 멋있어"는 당당함을 배우자는 의미입니다. 또 "저 가족은 가난해도 웃음을 잃지 않아. 우리도 용기 내자"라고 했다면 낙관과 용기를 본받자는 뜻이 되죠. 올바른 삶의 가치관을 추천할 때는 비교의 방법도 나쁘지 않습니다.

특별하다는 칭찬이 아이를 괴롭힙니다

저는 제 아이가 다섯 살에 혼자 영어 알파벳을 익혔다고 믿었던 때가 있었습니다. 그리고 제 친구는 네 살 된 딸의 수학적 재능이 천재급이라며 흥분했습니다. 그렇게 동서고금을 막론하고 집마다 천재가 한 명씩 자랍니다. 천재가 어디 그렇게 흔하겠습니까만, 부모 눈에는 자신의 자녀가 천재로 보일 때가 있습니다.

"우리 딸은 천재야!"

"역시 우리 아들은 특별한 능력이 있어."

이런 생각을 한 번쯤 해보지 않은 부모는 없을 겁니다. 그런데 아이에게 '천재'라고 극찬하는 것은 오히려 해롭다고 합니다. 자신이 특별한 존재라고 극찬을 받은 아이는 노력을 하지 않게 됩니다. 그리고 자아도취에 빠지게 되죠.

극찬은 아이에게서 노력하는 능력을 앗아갑니다. 극찬을 자주 듣는 아이는 정말로 자신이 특별하다고 확신하게 되는 겁니다. 특별한 존재라면 평범한 아이들이나 하는 노력 따위는 필요 없다고 생각할 거예요. 또 실패를 경험했을 때 남들보다 더 크게 좌절하고, 결국 실패 극복의 확률이 낮아집니다. 그러면 어떻게 해야 할까요? 아이는 '재능'이 아니라 '노력'을 칭찬하는 게 좋습니다.

100점 받았네. 역시 우리 딸은 천재야.

→ **100점을 받았네. 열심히 공부한 보람이다. 훌륭해.**

1등 했네. 역시 우리 아들은 특별해.

→ **1등을 했네. TV와 게임을 참더니 해냈구나. 잘했어.**

일단 성과를 칭찬해주고 그 성과는 너의 천재성 때문이 아니라 노력 덕분이라고 말해주는 것이죠. 천재이기 때문에 1등을 한 게 아니라 게임을 참은 결과라고 말해주는 거예요. 그래야 아이가 노력의 가치를 알게 됩니다.

한편 재능에 대한 극찬이 해로운 또 다른 이유는 나르시시즘, 즉 자아도취를 유발한다는 점입니다. 자신이 남보다 우월하다고 생각하는 게 자아도취이지요. 자기가 우월하다고 믿는다면 타인은 열등하게 보고 있다는 뜻이 됩니다. 이런 생각을 하고 있으면 사회성이 크게 떨어질 수밖에 없습니다. 가령 친구가 나보다 못하다고 생각하면 진정한 우정이 불가능할 거예요. 자아도취에 빠지면 직장 생활도 어려워집니다. 자신이 동료보다 우월하다고 믿고 있으니 화합이 안 될 겁니다. 그렇게 자아도취는 사회성의 적입니다. 따라서 자아도취에 빠진 사람은 성공도 쉽지 않습니다.

한편 자아도취는 불안감을 키웁니다. 내가 평범하다는 증거가 나올까 두려움에 떨게 됩니다. 언제나 1등을 유지해야 하는 자아도취자는 항상 높은 장대 끝에 올라서 있는 것처럼 불안하지요.

그런데 내가 우월한 존재라고 생각한다면 자존감도 높다는 뜻이 아닐까요? 혹시 자아도취는 높은 자존감의 증거 아닐까요? 미국 오하이오주립대학 심리학 교수 브래드 부시먼Brad Bushman은 5백여 명의 아동을 대상으로 연구하고 이런 결과를 도출해냈습니다.

자존감이 높은 사람은 자신과 타인이 똑같이 좋은 존재라고 생각하지만, 자아도취에 빠진 사람은 자신이 타인보다 우월하다고 생각한다.

자존감이 높은 사람은 결코 자신이 남보다 우월하다고 생각하지 않는다는 겁니다. 자신이나 남이나 모두 소중하고 능력 있는 존재라고 생각하지요. 남들이 형편없어 보이지도 않습니다. 자아도취에 빠져서 자신의 우월감을 확신하는 나르시시스트와는 정반대의 사람이죠. 그러면 어떤 부모가 높은 자존감을 자녀에게 선물하게 될까요? 브래드 부시먼 교수의 말입니다.

"과대평가가 자아도취를 부르고 따뜻함이 자존감을 낳습니다."

여기서 우리는 평범할 수도 있으나 아주 중요한 결론을 도출하게 됩니다. 자녀를 진정으로 위한다면 "너는 누구보다 특별해"라는 말보다 "너도 특별하지만 친구들도 모두 특별하고 소중한 존재야"라고 말해야 한다는 것입니다. 자녀를 과도하게 칭송해 자아도취에 빠트리지 말라는 것이죠. 아울러 따스하게 안아주는 것도 대단히 중요합니다. 칭찬이나 긍정적 평가도 좋지만 무엇보다 부모의 따뜻함이 자녀의 자존감을 높여주기 때문입니다.

아이 자존감을 보호하는 방법

1 ― 비판하지 않기

아이가 실수했다고 해서 부족한 존재는 아닙니다. 그저 작은 실수를 했을 뿐입니다. 아이의 인격을 비판해서는 절대 안 됩니다.

2 ― 지나친 칭찬 안 하기

잘한 일은 칭찬해야겠지만 아이를 과도하게 칭찬하면 해롭습니다. 아이가 비현실적인 자아상을 갖게 되기 때문입니다. 비현실적인 자아는 언젠가는 깨지게 되는데 그 순간 자존감도 손상될 수 있어요.

3 ― 대신 해주지 않기

부모가 모든 일을 도와주면 아이의 자존감이 낮아집니다. 옷 입기 같은 작은 일이라도 아이가 직접 해낼 수 있도록 다 도와주지는 마세요.

4 ― 완벽주의 버리기

자녀에게 비현실적으로 높은 목표를 제시하는 부모가 많은데 아이가 좌절하기 쉽습니다. 자신을 실패하는 사람으로 인식하게 되고 도전을 피하게 됩니다.

5 ― 비교하지 않기

남과 비교하면 아이 자존감에 큰 상처를 줍니다. 친구뿐만 아니라 동생이나 언니와의 비교도 절대 안 됩니다. 아이는 독립적인 개체로 존중받아야 합니다.

6 ― 부모 자존감의 비밀 지키기

아이가 성장하기 전까지는 부모의 낮은 자존감을 비밀처럼 지켜내야 합니다. 불안한 마음을 부주의하게 드러내지는 마세요. 아이의 자존감도 같이 낮아질 수 있기 때문이에요.

출처 미국의 육아 사이트 픽애니투pickanytwo.net에서 운영자 케이티 M. 맥로플린Katie M. McLaughlin
이 제시한 방법

CHAPTER 11

아이가 외계인인 걸
미처 몰랐습니다

아이들은 방금 부모가 한 말도 까맣게 잊어버리고, 위험한 결과가 뻔히 보이는데도 저질러버립니다. 매일 한심하게 늦잠을 자고 때론 샤워를 거부하기도 합니다. 부모는 이해 불가의 아이를 견디기 힘듭니다.

하지만 갈등을 해결할 쉬운 방법이 있습니다. 아이는 '원래 이해할 수 없는 존재'라 여기면 됩니다. 아이가 외계인이라고 생각해보세요. 더는 답답하지 않습니다. 싸우지 않고 평화롭게 지낼 수 있을 거예요. 저도 아이를 제 기준으로 재단하고, 제 기준에 맞추라고 강요했습니다. 승자 없는 전쟁에서 저와 아이 모두 힘들었습니다. 그러나 이제야 알았습니다. 아이들, 특히 사춘기 아이들은 외계인이었다는 것을요. 외계인은 우리 지구인과는 다르게 생각하고 느끼며 표현합니다. 사춘기 아이와 성인 부모는 서로 다른 존재라는 걸 일찍 알았다면 좋았을 겁니다. 차이를 인정하고 나아가 존중까지 했다면 완전했을 거예요.

집에 뇌가 덜 자란 아이가 있다고 생각하세요

사춘기 아이는 분별력이나 판단력이 없어 보입니다. 당장 내일이 시험인데 너무나 즐겁게 TV를 보고 있습니다. 생각이 있다면 저럴 수 없지요. 불안해서라도 책상 앞에 앉아 있어야 할 거예요. 그런데 이런 현상은 커갈수록 더 심해집니다. 어릴 때는 똘똘했는데 말이죠. 점점 어딘가 부족한 사람처럼 보이기까지 합니다. 아이들의 행동이 왜 이상해지는 걸까요?

앞서 말했듯 청소년의 뇌는 미성숙한 상태여서 정확한 사리 분별을 하지 못합니다. 무엇이 중요한지 또는 어떤 결과가 생길지 판단하지 못하죠. 과학자들이 공통으로 지적하는 내용인데 아이의 뇌는 10세부터 급격히 변해서 성인 뇌가 되기까지 중간이라고 볼 수 있는 청소년기를 거칠 때 문제가 발생합니다.

뇌의 여러 부위 중에서 '생각'을 담당하는 영역인 전전두엽 prefrontal cortex이 가장 늦게 발달하는 곳인데요. 바로 이 전전두엽 이 청소년 시기에 충분히 발달하지 않습니다. 결과를 예측하고 계획을 짜고 결정을 내릴 때 뇌의 이 부분을 활용해야 하는 데 어려움이 생기는 것이죠. 청소년에게 이성적 사고력이 부족한 것은 바로 이 때문입니다.

그러면 청소년은 어떻게 생각할까요? 뇌에는 편도체 amygdala라는 것이 있습니다. 이 편도체는 감정, 충동성, 공격성 그리고 본능적인 행동과 관련이 있습니다. 청소년은 바로 이 편도체에 기대기 때문에 합리적인 판단이 힘들고 감정적이고 충동적인 것입니다. 이렇듯 뇌가 덜 여문 청소년기 행동의 특성을 정리하면 이렇습니다.

① 새로운 것과 자극을 좋아한다.
② 위험이 높은 행동을 시도한다.
③ 거칠고 강하게 감정을 표현한다.
④ 충동적으로 결정을 내린다.

위에서 보는 바와 같이 아이는 말하자면 '동물적'입니다. 자기가 하고 싶어서 그러는 게 아니라 뇌의 영향을 받는 것입니다. 이성적으로 사고하려고 해도 하드웨어가 시원찮아서 잘 안 되는 겁니다. 그걸 모르는 어른들 눈에는 정말 어이없죠. 바보를 하나 키우고 있나 싶고 속이 터져서 자주 힐난하게 됩니다.

"충동적으로 결정 마. 넌 뇌가 없냐? 생각 좀 해라."

"곧 시험인데 놀면 불안하지 않니? 정말 이해가 안 된다."

충분히 할 수 있는 지적입니다. 그런데 맞는 말이라도 참아야 할 때가 있잖아요. 강아지를 앞에 두고 미래를 생각하면서 살라고 조언하면 이상하지 않나요? 아이를 강아지 정도의 지능으로 취급하자는 이야기가 아닙니다. 아이의 뇌는 아직 과학적으로 덜 여문 상태니 너그럽게 봐주고 너무 높은 기대를 하지 말자는 것입니다. 비논리적이고 비이성적인 짓을 당연히 하겠거니 생각하면 부모의 마음이 좀 편할 겁니다. 그렇게 부모가 기대 수준을 낮추면 갈등이 서서히 줄어들 거예요.

정리하면 '집에 말썽 피우는 사춘기 아이가 있다'가 아니라 '집에 아직 뇌가 덜 자란 아이가 있다' 정도로 여기는 게 좋습니다. 아이를 외계인이나 반인반수半人半獸로 간주해도 됩니다. 부모가 그렇게 사고를 전환하는 순간, 마음의 평화를 되찾을 수 있습니다.

한편 청소년이 바보 같기만 하다면 그래도 별문제가 안 됩니다. 그것보다도 더 큰 문제는 아이가 충동적인 마음으로 겁 없이 위험한 일을 자꾸 저지른다는 것이죠. 이 역시 청소년기에는 위험과 자극을 좋아하는 뇌를 가졌기 때문입니다. 그럼 어떻게 대처해야 할까요? 아이의 사고를 예방하는 자원에서 평소에 경고하고 겁주는 방법을 택하는 부모가 많습니다. '사고 치면 네 인생은 거기서 끝나는 거야' 하고 은근히 겁박하는 것이죠. 그러나 그 방법은 단기적으로 효과가 있을지 몰라도 부작용도 크기에, 내공이 약한 작전입니다. 해외의 교육 전문가들은 '운동'과 '여행'을 권장하더군요. 친구들과 달리며 운동을 하다 보면 스릴을 느끼게 됩니다. 경기 속에서 위기감과 승리감도 맛보죠. 짜릿할 것입니다. 운동하면서 위험과 자극을 충분히 '섭취'하는 것이니 아이의 뇌도 비슷한 만족을 느낄 것입니다. 또한 낯선 곳으로 떠나는 여행은 아이에게 즐거운 모험입니다. 스릴을 부족해 하는 뇌에 포만감을 선물할 수 있습니다.

아이는 자기 생각에는 똑똑하지만 사실 많이 모자라죠. 키가 덜 자랐듯이 뇌가 미성숙해서 생각을 제대로 못합니다. 청소년기 아이가 아직 지적으로 박약하다고 너그럽게 이해하면 부모님 가슴의 울화가 줄어들 거예요.

오해를 부르는 말
"너는 부모를 무시하니?"

아이가 부모를 오해하는 건 당연합니다

부모는 분하고 답답할 때가 많습니다. 아이가 곡해할 때 특히 그렇습니다. 아이가 10대 초반만 되어도 부모 마음을 얼토당토않게 오해하는 일이 본격화됩니다. 집에서 있었던 대화입니다.

"엄마. 왜 그렇게 화를 내면서 말하세요?"

"내가 언제?"

"얼굴에 딱 쓰여 있어요."

"아냐. 난 기분 나쁘지 않아."

"거짓말하지 마세요. 다 알아요."

"거짓말? 미치겠다. 정말 화가 날 것 같다."

"그거 봐요. 엄마는 화났다니까요."

이렇게 아이들은 말도 안 되는 오해를 합니다. 또 일단 자기들 딴에 판단이 서면 진실이라고 믿고 절대 물러서지를 않습니다. 주로 부모의 표정을 자주 문제 삼기 때문에, 부모는 대화할 때 억지로 온화한 표정을 지어야 합니다. 그러지 않으면 아이가 트집을 잡으니까요. 이제 아이를 키우려면 표정 연기까지 해야 하나 싶습니다. 그런데 저만 그런 게 아니었습니다. 동서고금을 막론하고 10대 아이를 기르는 전 세계 부모가 오해를 받고 삽니다.

미국 유타대학교의 정신 의학 전공의 데보라 유젤런-토드 Deborah Yurgelun-Todd 교수가 2006년 학술지 〈뉴로사이언스 레터스 Neuroscience Letters〉에 발표한 논문에 따르면, 청소년들은 부모 표정에 숨은 감정을 읽지 못합니다. 유젤런-토드 교수의 연구팀은 두려움에 떠는 사람의 얼굴 사진을 청소년들에게 보여주면서 물었습니다. 이 사람은 지금 어떤 감정일까 하고 말입니다. 어른들은 100% 맞혔습니다. 그런데 10대는 그 사진 속 사람의 표정에서 두려움을 읽어내지 못했습니다. 그가 충격받은 것 같다고 말하거나 분노한 표정이라고 답하기도 했습니다. 이렇듯 청소년 아이들은 표정을 잘못 읽습니다. 두려움과 분노를 구분하지 못하죠. 어른들에겐 너무 쉬운 것을 아이들은 구별해내지 못합니다. 왜 그럴까요? 10대들은 정보를 분석할 때 뇌의 편도체를 사용하고, 어른들은 전전두엽을 사용하기 때문입니다. 앞서 말했듯 편도체는 감정적인 영역을, 전전두엽은 이성을 관장합니다.

그런데 기막힌 사실이 또 있더군요. 캐나다 맥길대학교의 과학자 미셸 모닝스타Michele Morningstar가 2018년 학술지 〈비언어 행동 저널Journal of Nonverbal Behavior〉에 발표한 논문에 따르면, 10대는 목소리 속의 감정도 읽지 못합니다. 미셸의 연구팀은 성우에게 "네가 그 일을 했다니 믿을 수 없어"라는 문장을 다섯 가지 감정으로 읽도록 했습니다. 화난 목소리, 싫은 목소리, 두려운 목소리, 행복한 목소리, 슬픈 목소리로 바꿔 가면서 말이죠. 그 감정을 구별하는 게 어른들에게는 아주 쉬웠습니다만 10대 아이들은 역시나 이 목소리 속 감정이 뭔지 구분할 수 없었습니다.

외계인들이 지구에 오면 인간의 감정을 읽지 못해 고생할 겁니다. 10대 아이들도 마찬가지로 다른 사람의 감정을 헤아리는 데 아주 미숙합니다. 얼굴을 보면서도 엄마의 감정을 읽어내지 못하고 어조에 숨어 있는 친구의 마음을 읽어내지 못합니다.

그리하여 큰 오해가 풀렸습니다. 저는 아이가 제 감정을 무시한다고 믿었는데 아이는 단지 상대방의 감정을 잘 몰랐던 겁니다. 여러 사례를 읽고 나니 아이가 내 감정을 이해하고 존중해주길 바라는 것도 너무 내 중심적인 생각이 아닐까 하는 생각이 들더군요. 아이는 부모의 감정이 뭔지 알 수 없으니 이해도 존중도 쉽지 않았던 거예요. 내 표정이나 감정을 못 읽는 외계 생명체가 내 앞에 있다고 생각하면 마음이 한결 편안해질 겁니다.

'청소년 외계인설'을 뒷받침하는 세 번째 증거가 있습니다. 아이들은 부모의 말을 잘 이해하지 못한다는 사실입니다. 위에서 표정 읽기 연구를 했던 유젤런-토드 교수가 이와 관련해 미국 PBS 방송과 인터뷰를 했습니다.

"10대 자녀는 부모와 다르게 말하고 이해합니다. 논쟁할 때만 그런 게 아닙니다. 일상생활에서도 부모의 뜻이 자녀에게 정확히 전달되지 않습니다. 그래서 아이들은 부모의 의도와 다르게 해석하는 경우가 많습니다."

위 내용을 종합하면 암담합니다. 아이는 엄마 아빠의 표정도 못 읽고 목소리 속 감정도 느끼지 못합니다. 또한 말도 이해하지 못합니다. 세상에 이런 답답한 상황이 또 있을까요? 그런데 어떻게 보면 굉장히 좋은 소식입니다. 아이는 일부러 부모 말을 거스르는 게 아니니까요. 나쁜 의도로 부모의 감정을 무시하는 것도 아닙니다. 다만 못 알아들을 뿐입니다. 기쁘지 않으신가요? 저는 기뻤습니다. 얼마나 다행입니까? 내 아이는 악당이 아니라 자라는 중일 뿐입니다. 이제 더 이상 자식을 원망하거나 자존심 상해하지 않아도 되는 거지요. 희망도 생깁니다. 머지않아 아이들이 자라면 교감하며 더 사이좋게 지낼 수 있을 테니까요.

사려 깊지 않은 말
"넌 너무 이기적이야, 내가 네 종이냐?"

누구나 자신의 문제가 절박합니다

부모는 시간, 에너지, 돈, 마음 등 모든 것을 자녀에게 쏟죠. 아이가 어릴 때는 그래도 보상이 돌아옵니다. 고맙다며 뽀뽀도 해주고 감사 카드를 써주기도 하고 귀엽게 웃어도 줍니다. 그러나 아이가 초등학교 고학년만 되어도 '배신'이 시작됩니다. 부모의 희생은 변함없는데 돌아오는 게 점점 줄어드는 것이죠. 아이는 자신이 원하는 것만 요구하기 시작합니다. 애교와 감사 표현은 이제 더는 없습니다. 제 지인은 그런 시기의 딸과 싸운 적이 있습니다. 아래는 실제 대화를 각색해보았습니다.

"오늘이 무슨 날인지 몰라?"
순간 사춘기 딸의 짜증 섞인 반응이 돌아옵니다.

"몰라. 무슨 날인데?"

"오늘 아빠 생신이야."

"…미안해."

"아빠가 우리 가족을 위해 헌신하는데 생신 정도는 기억해야지."

"미안해…:"

"넌 어쩜 아빠에게 감사하는 마음이 없니? 너무 이기적이야. 아빠 엄마를 아예 시종으로 보는 것 같아."

딸은 한숨을 쉬며 가만히 있다가 말을 꺼냅니다.

"내가 이기적인 거 맞아. 매일 내 생각만 해. 하지만 나는 내 문제만으로도 벅차고 공부하는 것도 벅차. 난 못되고 이기적인 딸이야. 미안해. 정말."

딸은 결국 울먹입니다. 딸이 지쳐 있는 것을 엄마는 몰랐습니다. 딸은 자기 문제에 짓눌려 부모까지 살필 여력이 없는 겁니다.

이렇듯 대부분의 10대 자녀는 자기밖에 모르는 것 같습니다. 그런데 그건 아이가 못되어서가 아닙니다. 부모를 자신의 종으로 여기는 것은 더더욱 아닐 테지요. 다만 자신의 문제만으로도 벅차기 때문에 부모를 기쁘게 할 여유가 없는 것입니다.

생각해보면 당연히 그렇습니다. 10대에는 자신밖에 생각할 겨를이 없습니다. 우선 신체의 변화가 생기지요. 갱년기보다 더욱 충격적인 변화입니다. 머리가 크면서 친구들과의 관계도 어릴 때보다 더욱 복잡해지고 어려워집니다. 무리를 지어 끼리끼리 어울리기 시작하고 경쟁도 해야 하니까요. 어른들의 인간관계처럼 만만하지 않을 겁니다. 또한 공부를 못하면 좋은 대학에 갈 수 없고 좋은 일자리도 얻지 못한다면서 세상이 압박하니 불안과 고민에 눌려 질식할 지경일 것입니다. 그 와중에 짝사랑하는 친구의 미소 때문에 며칠 동안 정신이 혼미해질 수도 있지요.

알고 보면 아이도 불쌍합니다. 상전이 너무 많기 때문이죠. 부모님, 선생님은 기본이고 과목마다 매일 다른 선생님들이 들어옵니다. 학원에 가면 또 선생님들이 계시죠. 그뿐만 아니라 쉬는 시간마다 나쁜 아이들이 돌아다니며 상전처럼 굽니다. 이렇듯 10대들은 곳곳에 눈치를 봐야 할 대상이 넘쳐납니다. 피곤하고 정신이 복잡할 수밖에 없는 환경입니다.

아이는 이기적이라기보다는 단지 지쳐 있을 뿐입니다. 자기 문제에 짓눌려 주변 사람을 돌아볼 여유가 없는 것이죠. 한마디로 '자기중심적'입니다. 자신에 대해 낯설고 절실한 문제와 싸우다 보니 자신 말고는 세상이 다 삭제되어버리는 것입니다.

공감 능력이 미숙한 것도 원인입니다. 2013년에 네덜란드 위트레흐트대학교의 과학자들이 발표한 내용에 따르면 '감정 공감 능력'이라는 개념이 있습니다. 상대방의 감정을 이해하고 적절히 반응하는 능력이지요. 그들은 10대 여자아이들이 이 능력이 굉장히 높은 편이라고 설명합니다. 반면 10대 남자아이들은 감정 공감 능력이 약합니다. 상대방이 아프다고 할 때 자신도 아픔을 느끼고 이해해주며 적절하게 반응해줄 수 있어야 하는데 남의 감정을 잘 모르니 그걸 자연스럽게 못 한다는 겁니다.

13세에서 16세까지의 남자아이는 설상가상입니다. 그러잖아도 부족한 공감 능력이 그 시기에는 더 줄어든다고 합니다. 그들은 10대 후반이 되어서야 제대로 된 공감 능력이 생깁니다. 그러니까 그전까지는 제대로 공감을 못 하는 상태라고 생각하면 됩니다. 남의 감정을 이해하고 적절히 반응해야 정상인데 한시적 장애 상태와 같으니 오히려 어른들이 이해를 해줘야 합니다.

그러나 영원히 그러는 건 아니고 단지 시간이 걸릴 뿐입니다. 천천히 성숙해져가면서 지혜가 생기고 뇌가 더 발달하면 나아진답니다. 저는 5년 전에만 이 사실을 알았어도 속 터지는 일이 훨씬 줄었을 것이라고 생각합니다. 아쉬운 마음을 금할 수가 없습니다.

괴롭히는 말
"너무 게으르다, 왜 매일 늦잠이니?"

생리학적인 이유를 이해해주세요

부모는 아침마다 아이와 한바탕 전쟁을 치릅니다. 아이가 학교
에 가야 하는데 도무지 일어나질 않지요. 부모는 결국 언성을 높이
게 됩니다. 덕분에 매일 집 안이 시끄럽습니다. 아래와 같은 대화
가 이어지기 일쑤입니다.

"일어나. 또 지각하겠다."

"……."

"아침마다 왜 이러니?"

"……."

"어휴. 답답해. 넌 너무 게을러. 무책임하고. 이러면 대학 근처에도 못
가!?"

"그만 좀 하세요! 피곤해서 그래요."

"그러니까 일찍 자라고 엄마가 몇 번 말했니? 새벽마다 대체 뭘 하는 거니?"

"아, 잠이 안 오는 걸 어떡해요!"

"그놈의 스마트폰 하고 게임 하느라 늦게 자는 거지. 내가 모를 줄 알아?"

"아니에요!"

"아니긴 뭐가 아니야? 넌 게을러터졌어. 이래서 대체 뭐가 되겠니? 매일이 절망스럽다."

엄마 입장에서는 아이의 '정신 상태'를 걱정하게 됩니다. 매일 늦잠 자는 아이가 게으르고 무책임하게 느껴지고, 이래서는 아이의 앞날이 어둡다는 생각이 들지요. 당장의 학교 성적도 걱정이고 미래의 사회생활도 문제입니다. 이런 정신으로 대체 어떻게 이 험한 세상을 살아갈까 염려가 될 수밖에 없습니다.

그런데 청소년이 아침에 일어나지 못하는 이유가 정말 무엇인지 살펴볼 필요가 있습니다. 여기에 청소년이 늦잠을 자게 되는 게 그 시기 특유의 생리학적인 사실 때문이라는 주장이 있습니다. 미국 신경 의학자 프랜시스 E. 젠슨Frances E. Jensen의 말에 따르면, 대부분의 포유류는 몸이 성체로 성장하는 단계가 되면 수면 패턴이 바뀝니다. 늦게 자고 늦게 일어나게 된다는 것입니다. 설치류가 그렇고 청소년 중 일부도 같습니다. 그에 따르면 청소년은 어른보다 3~4시간 더 늦게 자고 늦게 일어나는 패턴이 잦은데 이런 현상을 '수면 위상 지연 증후군'이라고 부릅니다. '미국립정신보건원nimh. nih.gov'에도 비슷한 정보가 있습니다.

언뜻 보면 청소년들이 게을러 보일지는 몰라도, 그들이 그렇게 행동하는 데엔 과학적인 근거가 있습니다. 10대들은 어린이나 어른과 비교하면 혈중 멜라토닌(일명 '수면 호르몬')의 농도가 밤늦게 높아지고 늦은 아침에 되어서야 낮아지기 때문입니다. 그렇기 때문에 10대들이 늦게까지 깨어 있고 아침에 힘들게 일어나는 겁니다. 그리고 10대들은 하루 9시간에서 10시간을 자야 하는데 대부분은 충분히 못 잡니다. 수면 부족은 주의를 산만하게 만들고 충동과 성급함과 우울감을 높입니다.

청소년들은 정신이 글러먹어서 못 일어나는 게 아니고 생리적 원인이 있다는 설명입니다. 그리고 그 시기의 아이들은 무려 9~10시간 자는 것이 좋다고 하는군요. 따라서 훨씬 적게 자면서 버티는 우리나라 청소년들은 오히려 뛰어난 정신력의 소유자일지도 모르겠네요.

생리학적 사정이 그렇다고 해도 아이가 스스로 일어날 때까지 마냥 내버려 둘 수야 없죠. 힘들어해도 깨워서 학교에 보내야 합니다. 다만 아이가 신체적 변화 때문에 아침에 일어나기 힘든 거라고 이해해준다면 가정이 평화로울 수 있지 않을까요? 전쟁하듯 아이를 깨워야 하는 엄마의 마음이 덜 괴로울 것입니다. 아이를 이해하게 되었다면 생각만 하지 말고 말로 표현해주세요. 아래처럼 말입니다.

"밤에 공부할 게 많은 거 알아. 또 청소년기에는 늦게 자고 늦게 일어나는 게 당연하대. 네가 고생이 많다. 아침에 일어나기 힘든 거 엄마는 다 이해한단다."

우리는 왜 이런 다정한 말을 못 할까요? 가끔만이라도 이렇게 마음을 표현한다면 아이가 기운이 나고 부모와의 관계도 좋아질 것입니다.

의욕을 더 꺾는 말
"이게 사람 방이냐, 돼지우리냐?"

더러운 방만큼 우울한 내면을
들여다봐주세요

　모임에서 지인의 아들을 오랜만에 만났습니다. 고등학생이었는데 행색이 인상적이었습니다. 머리는 산발에 며칠은 감지 않은 것 같았고, 손톱도 아주 길었습니다. 그리고 맨발이었는데 발톱도 오래 깎지 않은 게 분명했습니다. 엄지발톱이 매부리코처럼 굽었을 정도였으니까요. 모임의 일원인 어른들은 저마다 아이에게 왜 이렇게 더러우냐며 핀잔을 줬습니다. 아이의 아빠인 지인은 아이가 손톱 깎는 것이나 이발은 고사하고 샤워도 잘 안 한다고 하소연했습니다. 도대체 이유를 알 수가 없다며 신세 한탄을 하는 동안 아이는 고개를 푹 숙이고 침묵할 뿐이었습니다.

　저는 아이의 발톱이 가장 신경 쓰였습니다. 잘못하면 부러질 것 같았거든요. 그래서 용기를 냈어요. 아이를 설득한 후 손톱깎이를 가져와 발톱을 깎아줬습니다. 제 아이에게도 그렇게 다정하지 않은 편인데 어떻게 그럴 수 있었는지 모를 일입니다. 아무튼 코가 찡해올 정도로 냄새가 강렬했습니다. 그 고약한 냄새를 맡으며 저는 생각했습니다. '이 아이는 왜 이렇게 더러워졌을까? 왜 자기 몸을 씻고 다듬고 가꾸지 않게 되었을까?' 하고 말입니다.

지금 생각해보면 그 아이는 아마도 우울했던 것 같습니다. 슬픔과 무기력이 가득 찬 눈빛이었거든요. 더러운 발톱이 눈에 들어오지 않을 만큼 골치 아픈 문제들이 머릿속에 가득 차 있었던 겁니다. 마음이 우울하니 한 발자국도 움직일 수 없어 씻지도 못한 것 같았습니다. 그래서 그렇게 자신을 방치해두었던 것일지도 모르겠습니다. 그런데 어른들은 그 마음을 몰라줍니다. 그저 아이가 게으르고 더럽다고 비난하기 바쁠 뿐이지요. 그럴수록 아이는 더 자신을 감추고 결국 온전히 외로웠을 것입니다.

지인의 사례처럼 자기 방을 청소하지 않는 아이들은 많습니다. 참고서, 지우개 똥, 옷가지, 수건, 과자 봉지 등이 책상 위와 방바닥을 뒤덮고 있으면 부모의 잔소리가 시작됩니다.

"이게 사람 방이냐, 돼지우리냐? 너무 더럽다."

어릴 때는 부모 말도 잘 듣고 정리정돈을 잘했는데 청소년기가 되자 자기 방을 난장판으로 만들어놓고 프라이버시 핑계 삼아 문을 잠그고 다니면서 쓰레기 같은 방에서 지내는 겁니다. 부모는 화가 날 뿐 아니라 걱정도 됩니다. 방과 책상 정리를 잘해야 마음도 차분해지고 공부에 몰두할 수 있을 텐데 말이죠. 안타까운 마음에 부모들은 잔소리가 방언처럼 터집니다.

"방이 이렇게 더러워서, 어디 대학이나 가겠니?"

방이 더러운 것과 대학에 가는 것이 무슨 상관이 있겠습니까만 그 귀엽던 아이가 어쩌다 이렇게 더럽고 게으르게 된 것일까요?

심리학적인 관점에서 살펴보면 방이 더러운 건 내면이 복잡한 까닭입니다. 아이의 머리는 복잡할 겁니다. 부모의 간섭, 성적 압박, 친구 관계, 통제할 수 없는 기분, 급격히 달라지는 외모 등으로 머리가 터질 지경입니다. 머릿속이 이렇게 복잡한데 방에 굴러다니는 쓰레기가 눈에 들어오겠습니까? 방을 더럽게 방치해도 전혀 이상하지 않습니다.

그리고 아이가 조금씩 우울하다는 것도 방이 돼지우리가 된 이유입니다. 청소년들은 아직 부모의 울타리 안에 있고 자신의 의지대로 할 수 있는 일이 적기 때문에 스트레스가 항상 높고 자신감은 자주 바닥을 칩니다. 사람이 우울해지면 힘이 빠지기 마련이고 이는 돼지우리 방으로 나타납니다. 옷가지나 책이나 과자 봉지 따위가 널브러져도 그냥 그 속에서 지내게 됩니다. 어른들도 기분이 가라앉으면 씻기 싫을뿐더러 청소는 더욱 안 하게 되죠. 돼지우리처럼 방을 방치하고 씻지 않는 아이들도 우울하고 힘든 겁니다. 그러니 어른들은 잔소리를 할 게 아니라 공감해줘야 한다고 생각합니다. 더러워진 방만큼이나 어지러운 아이들의 내면을 따뜻하게 살펴주시면 좋을 거예요.

간섭하는 말
"웃어봐, 왜 매일 인상 쓰니?"

아이도 독립된 인격체로서 갖는 권리가 있어요

어릴 땐 해맑게 잘도 웃던 아이가 사춘기가 되어 인상을 찌푸립니다. 미간을 찡그리고 눈을 흘길 때도 있습니다. 말도 거의 없죠. 부모와 단둘이 밥이라도 먹거나 차 안에라도 있게 되면 아주 어색하기 그지없습니다. 그럴 때 부모는 이렇게 말하게 됩니다.

"좀 웃어봐. 넌 왜 매일 인상 쓰니?"

저도 여러 번 이런 말을 했지만 결국 아무런 소득이 없었습니다. 아이는 이렇게 답합니다.

"제가 언제 인상을 썼다고 그러세요?"

"넌 언제나 그래. 지금도 얼굴 찌푸리고 있잖아."

"저를 그냥 놔두시면 안 돼요? 제 얼굴도 제 맘대로 못해요?"

아이의 말이 맞는 것도 같습니다. 부모가 아이의 표정까지 간섭하려고 했으니 아이 입장에선 어이가 없는 것도 당연합니다. 웃겨야 웃음이 나오고 마음이 기뻐야 미소를 짓게 되는 것인데 말입니다. 그렇다면 아이들은 사춘기만 되면 도대체 하나같이 왜 그럴까요?

어쩌면 사춘기 아이의 찡그린 얼굴은 '방패'일지도 모릅니다. 그러면 그 방패의 적은 누구일까요? 당연히 부모입니다. 부모의 잔소리와 간섭을 미리 차단하기 위해 심통 난 얼굴을 하고 있는 겁니다. 아이의 찌푸린 얼굴은 이렇게 말하고 있는 셈입니다. '내 얼굴을 봐요. 화난 거 같죠? 그러니까 기분 나쁜 말은 아예 꺼내지도 마세요.'

아이는 찡그린 얼굴을 방패 삼아 부모의 간섭을 막습니다. 방어의 수단인 것이죠. 비슷한 예로 아이들은 가족이 타고 가는 차 안에서도 홀로 이어폰을 꽂고 음악을 듣습니다. 밥을 먹을 때도 종종 이어폰을 끼고 버팁니다. 부모는 어이가 없습니다. "넌 예의가 없어. 어른과 함께 있을 때는 이어폰을 빼는 거야." 그러면 마지못해서 이어폰을 뺍니다. 또한 자녀의 방문도 비슷한 기능을 합니다. 잔소리를 듣거나 꾸중을 들었을 때 아이들은 제 방으로 들어가 문을 꽝 닫습니다. 좀처럼 열지도 않습니다. 심지어 에어컨이 있는

아이가 독립적 인격체로서 갖는 권리들이 있습니다.

거실로 한 걸음도 나오지 않고 꼭 잠근 방 안에서 폭염을 버티는 경우도 있습니다. 이처럼 아이들이 폭염보다도 무서워하는 건 부모의 잔소리와 간섭입니다. 폭염의 고통이 부모가 주는 짜증보다 차라리 나은 것입니다.

찌푸린 얼굴, 귀에 꽂은 이어폰, 꼭 닫힌 방문은 모두 비슷한 역할을 합니다. 아이는 그것들을 이용해 자신을 방어합니다. 부모의 잔소리와 간섭으로부터 자신을 지킵니다.

돌이켜 생각해보면 부모의 어린 시절도 다르지 않지요. 부모님이 우리를 사랑한다는 걸 알고 있었어도 분명 부모와 거리를 두고 싶을 때가 있었습니다. 그렇게 생각하면 이어폰을 낀 채 집으로 들어와 얼굴을 찌푸리고 문을 꽝 닫는 아이를 이해할 수 있을 겁니다.

제가 과거로 다시 돌아갈 수 있다면 아이의 권리를 흔쾌히 인정하겠습니다. 아이도 독립적인 인격체로서 갖는 권리들이 있습니다. 대화 거부권이 그중 하나입니다. 또 인상 쓸 권리, 방문을 닫고 혼자 있을 권리, 이어폰을 끼고 세상과 단절할 권리도 있습니다. 그렇게 세상을 잠시 삭제할 수 있는 권리를 인정했다면 저도 아이도 훨씬 편하게 지냈을 겁니다. 또 밝게 웃는 아이 얼굴을 자주 볼 수 있었을지도 모르고요.

외계인 같은 10대를 이해하는 법

1 — 생물학적으로 접근하기

어른들은 10대 아이들이 생각이 짧다고 걱정합니다. 그런데 생물학적으로 그건 사실입니다. 청소년의 뇌가 덜 자랐기 때문이지요.

2 — 아이의 입장에서 생각하기

10대들은 이기적이지 않습니다. 자기만 알고 부모는 배려하지 않는 것이 아닙니다. 단지 자기 문제에 깊이 빠져, 남 생각할 겨를이 없는 것뿐이지요.

3 — 부정적으로 해석하지 않기

10대 아이들은 부모를 일부러 무시하지 않습니다. 단지 부모의 지시를 잘 기억하지 못하는 겁니다. 또 자기 마음대로 부모의 말을 해석하기도 합니다. 그들은 몰라서 그러는 것이니 적어도 악의는 없습니다.

4 — 자기만의 시공간을 인정해주기

10대들이 웃지 않는 건 부모의 잔소리를 사전에 차단하고 싶기 때문입니다. 누구나 청소년기에는 자기만의 시간을 갖고 싶기 마련이지요. 그럴 땐 부모가 한발 물러나 자유를 준다면 아이가 자주 웃을 수 있을 것입니다.

CHAPTER 12

아이가 도와달라는데
냉정히 밀어냈습니다

세상에 진심으로 냉정한 부모는 많지 않습니다. 마음은 그렇지 않은데 일
부러 냉정하게 행동하는 부모만이 존재합니다. 아이를 강하게 키우려고 의
도적으로 냉대하는 것입니다. 저 역시 아이를 기르면서 그랬던 경우가 많
았습니다. 아무리 달래도 아이가 울음을 그치지 않을 때 차갑게 돌아서면
금방 그쳤거든요. 아이가 아픔을 호소하는데 엄살 부리지 말라고 힐난한
것도 여러 번입니다. 또 너는 너무 예민하다고 낙인찍으며 예민한 아이를
더 힘들게 만든 적도 있습니다. 그러나 부모의 냉랭한 태도가 정말 유익할
까요? 아이의 엄살과 울음은 부모를 향한, 도와달라는 호소인데 냉정하게
밀쳐버린다면 아이는 어떤 마음이 들까요? 저는 과거로 돌아간다면 아이
에게 좀 더 관대하고 따뜻한 부모가 되려고 노력하겠습니다.

왜 우는지 윽박지르지 말고
상황 파악이 먼저입니다

부모 입장에서 보면 아이의 울음소리만큼 괴로운 게 또 없습니다. 제 아이도 많이 울면서 자랐지요. 아이의 울음이 터지면 처음에는 받아주다가 그래도 그치지 않으면 달래고 애원하다가 결국 윽박지르고 말았습니다. 솔직히 그리 오래지 않아 화가 나더군요. 저의 반응은 4단계였던 것 같아요.

(1단계) "왜 울어? 어떤 나쁜 사람이 그랬어?"

(2단계) "왜 울어? 착하지. 그만 울자."

(3단계) "왜 우는 거야? 대체 이해를 못 하겠네."

(4단계) "이제 그만 울어. 뚝!"

아기들은 살기 위해 웁니다. 요구를 울음으로밖에 표현 못하니까요. 더 울어야 부모의 주목을 받을 수 있을 테고 우유도 받아먹을 수 있고 생존할 가능성이 커집니다. 살기 위해 우는 것은 사람뿐만이 아니죠. 갈매기, 호랑이, 침팬지, 개 등 거의 모든 생명이 새끼 때는 생존을 위해 울고 낑낑거립니다. 그런데 사람은 이미 컸는데도 울기도 합니다. 언어 표현력이 충분한 아이도 많이 울지요. 고등학생이 되어서도 갑자기 울음을 터뜨리곤 합니다. 그러면 안타까운 부모는 저처럼 반응합니다. 처음에는 "왜 울어? 무슨 일 있어?"라고 했다가 울음이 계속 이어지면 짜증을 내며 공격적으로 캐묻게 됩니다. "도대체 이해를 못하겠네. 그만 좀 울어!"

저도 제 아이에게 비슷한 말을 수도 없이 했습니다. 생각해보니 우스운 말입니다. 아이가 왜 우는지 이해할 수 없는 건 아이를 나무랄 게 아닙니다. 부모인 제가 공감 능력이 부족하기 때문이라는 생각을 그때는 왜 못했을까요?

사실 우는 이유를 명확하게 알기는 어렵습니다. 내가 왜 우는지 나도 모를 때가 많은데 부모가 어찌 자녀의 마음을 다 헤아리겠습니까? 그렇다면 어떻게 해야 할까요? 아주 쉽습니다. 자녀에게 정중하게 물어보면 됩니다. 무슨 일이 있어 우는지를 말입니다. 물론 아이가 대답하지 않을지도 모릅니다. 그러면 기다려야 합니다. 다른 방법이 없지요.

"우리 딸. 마음이 많이 아프구나. 그래, 실컷 울어라. 엄마가 기다릴게."

저도 이런 식으로 말하고 기다렸어야 했는데 후회가 됩니다. 그냥 그 상황이 싫어서 이해를 못 하겠다면서 짜증 내거나 당장 그치라고 윽박지르곤 했으니까요. 그런데 돌이켜보면 더 이상한 말도 했습니다. 젠더와 나이에 대한 편견까지 넣어가며 아이를 몰아세우기도 했더군요.

"남자애가 그렇게 울면 안 되지!"
"너 지금 몇 살인데 다 큰 애가 이렇게 울어? 어휴~ 부끄러워!"

시대가 바뀐 요즘도 예전의 저처럼 말하는 부모가 존재합니다. 그러나 부모가 이렇게 말하면 자녀에게 잘못된 성 편견을 심어주게 됩니다. 또 나이가 많을수록 울면 안 된다는 말도 엉터리입니다. 때론 부모도 울고 할머니도 웁니다. 나이가 많건 적건 다 울고 싶을 때가 있고 그럴 때는 울어야 속이 시원해집니다. 너 나이가 몇인데 우느냐는 말은 그저 그 상황이 싫어서 아이를 나무라기 위한 말밖에 안 됩니다. 그런 말들은 아이에게 억압으로 다가옵니다. 슬픔을 꽉 억누르라는 요구입니다.

그런데 감정을 억압하는 건 아주 해로운 일입니다. 슬픔이건 기쁨이건 느끼는 그대로를 표현해야 마음이 건강해집니다. 미국로스

앤젤레스 캘리포니아 주립대UCLA 데이비드 게펜 의대 교수이자 정신과 의사 로빈 버만Robin Berman이 미국의 육아 매체 〈마덜리〉와의 인터뷰에서 이렇게 강조하더군요.

"정신 건강을 위해서는 감정을 회피하지 않고 받아들이는 것이 가장 중요합니다."

새겨들어야 할 지적입니다. 증오나 분노가 가슴속에 들끓고 있다면 숨기지 말고 인정해야 좋습니다. "그래, 나 싫어"라고 말이죠. 또 슬픈데도 아무렇지 않다고 부인해서는 안 됩니다. 실컷 울어서 슬픔을 해소할 때 정신 건강이 유지됩니다. 어른도 그런데 하물며 아이는 어떻겠어요? 마음껏 울게 허용해야 맞습니다. 부모의 요구에 못 이겨 슬픔을 억누르고 회피하는 아이들은 마음에 병이 들 것입니다.

아이의 울음은 이해되어야 합니다. 아이의 눈물은 절절한 호소이자 따뜻하게 안아달라는 신호입니다. 아이가 울면서 도와달라는데 외면하면 냉정한 부모입니다. 짜증 섞인 목소리로 윽박지르면 가혹한 부모입니다. 저는 때때로 냉정하고 가혹한 부모였습니다. 길이나 놀이터에서 눈물 흘리며 엄마 품에 폭 안긴 아이를 보면 아직도 제 아이에게 미안합니다.

아이의 눈물은 따뜻하게 안아달라는 신호입니다.

먼저 공감한 후에 응원해주세요

부모라면 자녀에게 따스하게 공감하고 싶어 합니다. 자녀의 마음을 이해하고 보듬고 싶어 하죠. 그런데 정작 공감의 방법은 잘 모릅니다. '공감 무능력자'가 의외로 많은 것 같습니다. 어린 딸이 친구 문제로 걱정하는 상황을 예로 들어보겠습니다.

"요즘 힘든 일 있니?"
엄마가 묻자 딸은 망설이다가 드디어 입을 열었습니다.
"친구들이 카톡 답을 잘 안 해서 슬퍼."
"겨우 그거야? 바빠서 그렇겠지."
"날 안 좋아하는 거 같아. 불안해."
"에이, 별일 아냐. 신경 쓰지 마."

딸은 당황스럽습니다. 자신은 힘들다고 털어놓았는데 엄마가 전혀 받아주질 않았으니까요.

"엄마. 난 정말 슬프고 불안하다고!"

"네가 생각을 잘못하는 거라니까? 별거 아냐! 별거 아니니까 우리 딸 힘내. 파이팅!"

엄마가 딸의 어깨를 토닥였으나 딸의 기분은 조금도 나아지지 않았습니다.

위 대화의 엄마는 문제가 있습니다. 위로해주려는 마음이 너무 급했던 것이지요. 마음 아픈 사람을 응원하려면 천천히 단계를 거쳐야 합니다. 위 대화를 보며 뜨끔했을 부모들을 위해 '따뜻한 공감의 3단계'를 소개합니다. 미국의 심리학 매체 〈사이콜로지투데이〉에 실린 심리학자 칼 피하트Carl Pickhardt 박사와 어린이 교육 전문가 아만다 모린Amanda Morin이 주장하는 내용입니다.

아이의 이야기를 적극적으로 듣는다 → 위로한다 → 응원한다

경청과 이해 단계를 충실히 거치고 나서 응원으로 넘어가야 합니다. 그런데 많은 부모는 경청과 이해 단계를 대충 하거나 건너뜁니다. 대화 속의 엄마도 그런 케이스입니다. 아이의 말에 귀 기울이지 않았고 충분한 위로도 건네지 않았습니다. 급한 마음에 빨리 파이팅을 외친 셈입니다. 그럼 어떻게 해야 할까요? 대화 전문가들은 '뜨거운 리액션'이 효과적이라고 강조합니다.

"정말? 친구들이 왜 그럴까?"
"네가 정말 힘들고 슬펐겠다."

엄마가 딸의 말을 경청하고 위로한다는 느낌을 강하게 주는 말입니다. 다른 표현들도 많습니다.

"굉장히 힘들었겠구나."
"말도 안 되는 일을 당했네."
"네가 슬픈 게 너무나 당연해."
"엄마는 네 편이야."
"할 이야기 있으면 실컷 말해. 엄마도 듣고 싶어."
"엄마 같았으면 엉엉 울었을 거야."
"세상에. 듣기만 해도 짜증이 난다."

위와 같이 뜨겁게 반응하면 자녀는 부모가 자신의 마음을 이해한다고 믿게 됩니다. 마음을 털어놔도 될 상대라고 인정받게 되는 것이지요.

이제 저의 아이는 다 커서 저에게 고민 상담을 하지 않습니다.

그래도 혹시 고민거리를 이야기해주는 기회를 준다면 그때는 실수를 반복하지 않겠다고 다짐합니다. 어설픈 해결책을 성급하게 제시하지 않고, 깊고 뜨겁게 폭풍 공감해주고야 말겠다고 오늘도 굳게 다짐합니다.

아이의 감수성을 인정해주세요

예민한 아이는 힘들게 살아갑니다. 슬프거나 괴롭거나 실망스러운 일이 많죠. 그런 아이의 부모에게는 특히 편 들어주기 기술이 필요합니다. 예민하거나 과민한 성격을 오히려 열렬히 칭찬해주는 겁니다.

그런데 보통의 부모는 반대입니다. 편 들어주지 않고 면박을 줍니다. 괴롭다고 호소하는 예민한 자녀에게 이렇게 반응하는 부모님들이 있습니다.

"뭘 그런 걸 가지고 그래? 네가 과민한 거야."

"예민하게 굴지 마. 편하게 생각해."

이 대화에 따르면, 슬픔을 느끼는 건 바로 아이 책임이라는 말이 됩니다. 과민하게 상황을 해석한 네가 잘못이라는 뜻입니다. 결국 비난이죠. 아이는 상처가 클 겁니다. 안아달라고 팔을 벌렸는데 부모가 발로 뻥 차버린 격이지요. 저도 아이를 키우면서 이런 말을 많이 해왔습니다.

'너는 예민하다'는 평가로 인해 아이의 마음에 새겨진 상처는 어른이 되어서도 많은 문제를 일으킨다고 합니다. 미국의 칼럼니스트 수재너 와이스Suzannah Weisss가 〈에브리데이 페미니즘Everyday Feminism〉에 기고한 체험담을 살펴보겠습니다.

그녀의 어머니는 어린 시절, 만화를 보면서 눈물을 흘리는 그녀에게 "만화는 진짜가 아니야"라고 말했다고 합니다. 현실도 아닌 가상의 그림을 보면서 예민하게 굴지 말라는 뜻입니다. 과민하다는 평가를 듣고 자란 그녀는 자신이 정말 그렇다고 믿게 되었습니다. 먼저 고민이 있어도 주변에 말을 못 하게 된 것이지요. 누가 자신을 미워해도 부모님에게 호소하지 못하고 주저했습니다. 과민한 나의 상상일지도 모르는 일이었으니까요. 억울한 일을 당해도 항의조차 못 합니다. '아무것도 아닌데 지나치게 예민하게 군다'는 비판이 두려웠던 것입니다. 그러니 자연히 연애도 두려워하게 되고 친구를 사귀기도 어려웠습니다. 부모는 자녀에게 함부로 "넌 너무 예민해"라고 하지 말아야 합니다. 자녀가 둔감하건 예민하건 있는 그대로의 모습을 인정해줘야 한다는 게 교육 전문가들의 공통된 지적입니다.

"엄마. 오늘 책을 읽다가 슬퍼서 눈물이 났어. 펑펑 울었어."

"우리 아들은 감성이 정말 풍부하구나. 멋있다."

"아빠. 친구가 나를 은근히 놀리는 것 같아. 화가 나."

"왜 너를 놀리지? 기분이 나빴겠다. 아직 뭘 몰라서 그런 것 같아. 곧 나아질 거야."

이렇게 말을 해주면 좋습니다. 물론 처음부터 이런 대화가 가능하진 않습니다. 그러나 관계가 단절되는 대화 패턴을 인지하고 그것을 개선하기 위해 노력할 마음만 있으면 나아질 수 있습니다. 미국의 아동 교육 컨설턴트 멜리사 슈워츠Melissa Schwarz는 영국의 한 매체에 기고한 글을 통해 예민한 아이를 대하는 세 가지 원칙을 제시합니다.

첫째, 아이가 자기 감정을 느끼게 놔두세요.

예민한 아이는 그렇지 않은 아이보다 감정을 더 깊고 풍부하게 느낍니다. 가령 음식 맛의 변화를 민감하게 알아채기도 하고 상처의 아픔도 더 크게 느끼죠. 또 기쁨과 즐거움도 남보다 강하게 느낍니다. 그렇게 느끼도록 타고났으니 마음껏 느끼고 말하도록 부모가 허용해야 합니다.

둘째, 아이가 느끼는 걸 인정해주세요.

예민한 아이는 기분이 유달리 들뜨거나 가라앉을 때가 많습니다. 그러므로 부모는 그런 마음을 이해해주고 인정해주는 것이 필요합니다. 왜 그렇게 감정의 변화가 심하냐는 식으로 말해서는 안 됩니다. 아이의 감정을 적극적으로 인정해줄 때 아이의 자존감이 높아지고 문제 해결의 길도 열립니다.

셋째, 미세한 것을 느낄 수 있다고 칭찬해주세요.

예민한 아이는 일반인들이 감지할 수 없는 것들을 보고 듣고 느낍니다. 작은 뉘앙스의 차이도 또렷하게 구분하죠. 그럴 때 부모는 섬세하게 세상을 느낄 줄 아는 건 훌륭한 능력이라고 평가해주세요. 그러면 아이가 더욱 행복해질 것입니다.

감정을 단호히 배척하는 말
"엄살 부리지 마"

과장된 감정일지라도 표현하게 해주세요

친구들과 놀다가 살짝 부딪혔는데도 과장되게 우는 아이가 있습니다. 이럴 때 부모는 어떻게 반응해야 할까요? 선택할 수 있는 대응법은 두 가지입니다. 먼저 엄살 부리지 말라고 일축한 후 친구들에게 돌아가라고 등을 떠밀 수 있습니다. 아니면 설사 엄살이더라도 속는 셈 치고 따뜻하게 위로해줍니다. 자, 어느 쪽을 택해야 할까요?

저는 후자의 입장입니다. 하지만 제 아이가 어릴 때는 그렇게 하지 못했습니다. 냉랭하게 외면하는 경우가 많았죠. 지금 돌이켜보면 아이가 엄살쟁이였다고 해도 받아주는 게 나았을 것 같습니다. 엄살이라도 받아줘야 아이의 마음이 건강해진다는 걸 나중에 알았습니다. 그런 아이가 회복 탄력성도 높다는 연구 결과도 많습니다.

여섯 살 아이가 문에 발가락을 살짝 찧고는 엉엉 운다고 가정해볼까요? 아이가 엄살 부리기 시작하면 부모는 버릇을 고쳐야 한다고 생각하고 이렇게 질타합니다.

"엄살 피우지 마! 괜찮으니까."
"그만해. 안 아픈 거 다 알아."

이렇게 부모가 냉정하게 반응하면 아이에게 어떤 영향을 끼치게 될까요? 미국 애리조나대학교의 아동 심리학 전공 낸시 아이젠버그Nancy Eisenberg 교수는 부모를 두 종류로 나눴습니다. 한쪽은 엄살이라고 무시한 냉철한 부모, 다른 쪽은 칭얼거리는 아이를 달래준 따뜻한 부모입니다. 양쪽 부모의 아이들을 비교하고 분석해보니 예상처럼 따뜻한 부모의 자녀가 안정된 심리를 갖는 것으로 나타났습니다. 불안감과 두려움이 적고 스트레스에도 강했습니다. 또한 엄살일지라도 아이의 감정적 호소를 받아주면 아이의 마음 회복력이 높아집니다. 심리학자 애쉴리 소더런드Ashley Soderlund는 미국 인터넷 매체 〈슬레이트Slate〉와의 2016년 인터뷰에서 이렇게 강조하더군요.

"감정은 절대로 적이 아닙니다. 설사 감정이 과장되었다고 해도 말입니다."

아이가 과장해서 엄살을 부려도 마음껏 표현하게 하는 것이 좋다는 겁니다. 그래야 심리적 회복 탄력성이 높아진다는 게 위 심리학자의 설명입니다. 회복 탄력성이 높다는 건 나쁜 기분이었다가 좋은 기분으로 빠르게 전환하는 능력이 좋다는 것입니다. 우울한 감정에 휩쓸렸다가도 금방 밝아지는 아이를 상상해보세요. 그 자체로 축복입니다.

앞서 밝혔듯이 저는 아이에게 그렇게 따뜻하게 대해주지 못했습니다. 아이가 위로해달라고 울며 다가왔을 때에도 차갑게 밀어내곤 했습니다. 그때 아이의 마음이 어땠을까 상상해보곤 합니다. 아마도 많이 외로웠을 것 같습니다. 부모와 함께 있었지만 외딴 섬들처럼 멀리 떨어진 기분이었을 겁니다.

그리고 뭐, 응석받이가 그리 나쁜가요? 커가면서 자연히 고쳐질 문제입니다. 지금의 저라면 설사 아이가 응석받이로 자라더라도 엄살쟁이 아이에게 이렇게 말하는 쪽을 택하겠습니다.

"어머, 많이 아프겠다. 이리 와. '호~오' 해줄게."

이랬다면 아이와 저는 정서적으로 더욱 친밀해졌을 겁니다. 아이가 저를 더 깊이 신뢰했을 거고요. 하지만 그 어린아이는 이미 없습니다. 흘러간 시간이 야속할 뿐입니다. 아쉽고, 아쉽습니다.

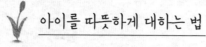

아이를 따뜻하게 대하는 법

1 ― 아이가 울어도 이 악물고 참기

아이가 울면 괴롭습니다. 달래도 멈추지 않으면 화도 납니다. 그래도 부모는 어떻게든 그 감정을 참아내야 합니다. 그래야 아이가 안정된 정서를 갖게 됩니다.

2 ― 아이 고민에 뜨겁게 공감하기

자녀가 어렵게 고민을 털어놓았을 때 자녀의 말에 뜨겁게 공감해주지 못하는 부모가 많습니다. 맞장구도 못 치고 경청을 못 하는 것이지요. 그러나 아이가 고민을 말하면 촐싹거리며 소란스럽게 반응해야 좋은 부모입니다.

3 ― 예민한 아이 응원하기

아이의 예민한 성격은 꼭 나쁘기만 할까요? 예민하다는 것은 섬세하고 신중한 자신만의 관점이 있다는 것이므로 많이 칭찬해주세요.

4 ― 모른 척 엄살 받아주기

아이의 엄살을 받아주면 버릇이 나빠진다고 주장하는 전문가도 많습니다만, 저는 받아줘야 한다고 생각합니다. 모른 척 엄살을 받아주다 보면 아이는 자신의 감정을 이해받는다 느낄 것이고 독립적인 아이로 자랄 수 있을 것입니다.

CHAPTER 13

아이 마음에 돌덩이를
얹어야 안심이었습니다

저는 제 아이가 밝은 마음을 갖길 원했습니다. 밝은 마음은 수억 원의 돈보다 가치 있는 거라고 생각했습니다. 그런데 제 마음과는 다르게 아이 마음에 자주 커다란 돌덩어리를 얹어놓아야 안심이었습니다. 아이의 마음을 무겁고 어둡게 만들었던 것이죠. 아이가 시험 성적을 받아오면 몇 점이건 상관없이 최선을 다했냐고 공격했습니다. 그러면 아이 딴에는 점수가 만족스러워도 묵직한 돌덩어리를 얹은 셈이 됩니다. 아이가 시무룩한 표정이 되면 저는 안도했습니다. 아이가 더 노력하겠다고 다짐해야 발전이 있다고 생각했던 것 같습니다. 그러나 마음속 돌덩어리를 치워줘야 아이들이 경쾌하게 살아갈 수 있지 않을까요? 이 챕터에서는 아이를 압박하거나 부담을 주는 부모의 잘못된 말을 짚어보겠습니다.

여유와 느림의 가치를 알려주세요

저는 아이가 시험 성적을 들고 오면 몇 점을 받았건 "최선을 다했니?"라고 묻곤 했습니다. 그런데 질문을 받은 아이는 언제나 난감해하더군요. 답이 정해져 있기 때문이죠.

부모가 '최선을 다했냐'고 물으면 60점을 받은 아이는 뭐라고 답해야 할까요? 답이 정해져 있습니다. '아니요'는 맞고 '예'는 틀립니다. 아이가 "아니요. 최선을 다하지 못했어요. 더 열심히 하겠습니다"라고 말해야 대화가 끝납니다. 반대로 "예. 최선을 다했습니다"라고 말하면 자칫 반항이 될 수도 있습니다. '나는 할 수 있는 만큼 했으니까 잔소리 마세요'라는 의미가 될 수도 있으니까요.

"60점 받았구나. 최선을 다했니?"

"예. 저는 최선을 다했어요."

"뭐라고? 정말 최선이었어?"

"예. 저는 최선을 다했어요."

"60점인데 어떻게 그게 최선이야?"

"최선이 아니라고 생각하셨으면 왜 저한테 물어보세요?"

"얘 좀 봐. 너 60점 받고 최선이었다고 하면, 말이 되니?"

"예. 제가 문제겠죠. 제가 60점짜리 인간인가 봐요."

부모가 원한 대답은 빤합니다. '최선을 다하지 않았는데 다음에는 최선을 다하겠다'입니다. 80점 받은 아이도 다르지 않습니다. '더 노력하겠다'고 다짐해야 질문한 부모가 만족스러워할 것입니다. "예. 저는 최선을 다했어요"라고 당당히 답할 수 있으려면 몇 점을 받아야 할까요? 그렇습니다. 100점밖에 없지요.

한 TV 드라마에서 회장님의 손자가 직원들에게 질문을 던집니다 "이게 최선입니까? 확실해요?" 그 기고만장한 젊은이 앞에서 중년의 직원들이 고개를 푹 숙입니다. 그 말에는 어떤 의미가 들어 있을까요?

최선을 다했는데 겨우 이 정도인가요? (무능력한가요?)

당신들은 최선을 다하지 않았죠? (회사에서 돈 받으며 놀았죠?)

이처럼 "최선을 다했습니까?"는 곧 비난입니다. 실은 '당신은 최선을 다하지 않았다'는 뜻이 됩니다. 말도 안 되는 소리라고요? 아이와 부모의 관계가 아니라 이렇게 바꿔보면 느낌이 확 오실 겁니다.

"회장님, 이게 최선입니까? 확실해요?"
"선생님, 최선을 다하셨나요?"

여기서 다시금 알 수 있습니다. "최선을 다했냐?"라는 질문은 아랫사람을 추궁할 때 쓰는 공격적인 말이라는 것을요.

자녀에게 "이게 최선이었니?"라고 물으면 자녀는 불쾌해집니다. 추궁을 받는 기분이 들기 때문이죠. 잘못을 뉘우치고 이실직고하라는 압박이 느껴집니다.

물론 최선을 다하자는 게 나쁜 말은 아닙니다. 이 각박한 세상에서 살아남으려면 노력을 많이 해야 합니다. 그런데 최선이란 말은 모든 것을 다 쏟아낸다는 뜻입니다. 100% 노력을 한다는 의미죠. 그런데 정말 매 순간 100%를 짜내면서 살아야 할까요? 직장 생활을 하면서 에너지의 100%를 쏟는 직원은 사장님 입장에서야 좋겠지만 장기적으로 보면 빨리 소모돼버릴 것입니다. 육아도 마찬가지입니다. 육아에 100% 온힘을 다해 올인해야 할까요? 아니요. 그러면 곤란합니다. 금방 쓰러질 수 있습니다. 인생이 피폐해질 거예요. 가끔은 커피 한잔하는 게으름도 피워야 숨통이 트일 겁니다. 직장 생활이나 육아뿐이 아닙니다. 연애나 결혼 생활도 같습니다. 100% 최선을 다하는 게 결코 좋은 결과를 가져다주지만은 않습니다. 에너지의 80%만 쏟는다고 생각하는 게 현명할 것 같습니다.

그러면 학생은 어떨까요? 아무리 시험이 있다 한들 100% 최선을 다해야 할까요? 우리는 초등학교 아이들에게까지 최선을 요구합니다. 시험을 보면 최선을 다했냐고 취조하듯 묻습니다. 너무 가혹하지 않나요?

> "100% 열심히 할 수는 없다. 90%만 하자. 80%도 좋다. 그것으로 충분하다."

듣는 아이 입장에서는 훨씬 숨통이 트일 것 같습니다. 그런데 이런 말을 해주는 부모는 찾기 힘듭니다. 저도 아이에게 늘 '최선을 다하라'는 요구만 했습니다. 에너지의 10%는 남겨야 한다든지 하는 여유를 가르치지 못했습니다. 그저 '효율'과 '속도'만을 강조했습니다. 저는 이 점에서도 좋은 부모가 아니었습니다. 뒤늦게 후회합니다. 여유와 느림의 가치를 알려주었다면 좋았을 것입니다.

자녀를 잊고 자신의 삶을 사는
부모가 되세요

저의 지인 중에 50대 부부가 있습니다. 남편과 아내는 오래전부터 서로에게 무관심했지요. 둘은 신혼 초부터 심하게 싸웠고 제가 여러 번 중재해야 했습니다. 지금은 가능한 한 서로 대화를 하지 않으며 지내고 있습니다. 사랑과 기대가 없는 그 부부에게 공통의 기쁨이 딱 하나 있습니다. 눈에 넣어도 안 아플 외동딸이 바로 그런 존재이죠. 그 딸은 부모에게 종종 이런 말을 들었다고 합니다.

"엄마는 괜찮다. 너만 행복하면 된다."

엄마는 딸에게 극진했습니다. 세상에 하나 있는 딸의 행복을 위해서는 모든 것을 할 태세였습니다. 아빠도 다르지 않았습니다. 딸만 보고 살았습니다. 부부는 딸을 위해 불행한 결혼 생활을 감내해 왔던 것입니다. 딸은 부부에게 전부였고 딸의 행복이 자신의 행복보다 더 중요하다고 그들은 입을 모아 말했습니다.

그러나 저는 부부가 오히려 딸을 불행하게 만든다는 생각이 들었습니다. 아니나 다를까 딸은 부모의 "너만 행복하면 된다"라는 말이 진절머리 나게 싫었다고 합니다.

부모는 흔히 자녀의 행복을 위해서라면 모든 것을 내놓을 수 있다고 생각합니다. 우리 사이에는 자녀가 전부라고 말하기도 하지요. 그러나 아이와 부모는 별개의 인생입니다. 아이가 군대에서 고생하는 순간에도 부모는 맛있는 걸 먹을 수 있어야 하며, 부모가 아픈 순간에도 아이는 편안하게 잘 수 있어야 합니다. 아예 다른 행성이니 부모는 자신의 전부를 자녀에게 쏟을 각오를 하지 말아야 옳습니다. 그러니 지금이라도 자신의 삶을 살아야 합니다. 자주 자녀를 잊어버리고 육아 외에 재미도 찾고 기쁨도 누릴 수 있어야 합니다.

너무 무책임한 것 같다고요? 사실 자녀에게는 그런 부모가 더 이롭습니다. 자녀에게 부담을 주지 않기 때문이죠. 너만 행복하면 된다고 자녀만 바라보는 부모를 볼 때마다 자녀는 부담스럽고 괴롭습니다. 자신의 인생을 신나게 달려보고 싶은데, 부모가 자신만 쳐다본다면 너무 부담스럽겠지요? 이렇듯 헌신적인 부모는 자녀의 인생을 무겁게 만듭니다. 그런 막중한 부담감을 주는 말은 많습니다.

"엄마, 아빠에겐 네가 전부다. 너만 잘되면 돼."

"엄마가 아빠랑 이혼하지 않는 이유가 뭔 줄 알아? 바로 너야."

"너만 행복하다면 우리는 모든 걸 버릴 수 있다."

위의 말들은 드라마에만 나오지 않습니다. 감정이 격해지면 부모들이 흔히 말하는 패턴입니다. 그러나 자녀의 어깨 위에 턱하고 쇳덩어리를 올려놓는 말이기도 합니다. 아이로서는 너무 부담스러운 말임이 틀림없습니다.

저는 50대 부부 지인의 딸에게 가끔 조언합니다.

"이제 엄마 아빠는 멀리하면서 너의 인생을 살아. 남자 친구도 사귀면서 재미있게 말이야."

자녀가 성장하면 부모와 자녀는 둘로 나뉘게 됩니다. 서로 떨어져서 별개의 인생을 살면서 각자의 행복을 찾아야 하는 거예요. 이 당연한 걸 부모는 마음으로 받아들이기 어려워합니다. 자녀와 영원히 하나가 되고 싶은 거죠. '분리 불안'을 이겨내는 것도 부모가 꼭 해야 할 과제입니다.

감사를 강요하는 말
"굶주리는 아이들이 얼마나 많은데"

자녀의 아픔을 무시하지 마세요

TV에는 불우 이웃들이 많이 나옵니다. 부모가 없어 할머니와 사는데 한겨울에도 두꺼운 외투 없이 지내는 가난한 아이들을 보면 마음이 아픕니다. 또 굶주림 때문에 깡말라서 곧 죽음을 맞이할 것처럼 보이는 해외의 아이들을 볼 때도 마음이 저립니다.

"저 아이들 보니 어때?"

"불쌍해요. 눈물이 날 것 같아요."

"그래. 세상엔 저런 애들도 많은데, 넌 감사해야 해."

"……"

"우리는 굶지는 않잖아. 그리고 너는 병에 걸리지도 않았어. 얼마나 감사한 일이니?"

"예…."

"그러니 떼를 너무 쓰지 마. 장난감을 많이 사달라는 것도 곤란해. 흙바닥에서 나뭇가지를 갖고 노는 저 아이들을 봐."

"예…."

"그리고 열심히 공부해야 해. 넌 아주 행복한 거야. 그러니까 불평은 하지 마."

"…예."

아이는 마음속으로는 결심했을 거예요. 두 번 다시 부모와 함께 그런 TV 프로그램을 보지 않겠다고요. 또다시 괴롭힘을 당하기 싫기 때문이죠. 부모의 속셈이 대화에서 너무 빤하게 드러납니다. 현실에 감사하라는 뜻인데 정확히는 부모인 내가 해주는 것에 감사하라는 의미입니다. 말하자면 생색을 내는 겁니다. 또 억압의 의도도 숨어 있습니다. 아이의 불평불만을 차단하는 것이죠. 그리고 훈계의 결론은 여지없이 '공부'입니다. 부모는 아이에게 현실에 감사하면서 열심히 공부하라고 말하고 싶었던 것입니다.

그러나 입장을 바꿔놓고 생각해보면 어떨까요? 예를 들어 아이가 부모에게 이렇게 말했다고 생각해봅시다.

"외국에서는 전쟁터에서 죽는 아빠들이 많아요. 아빠는 직장 생활이 힘들다고 불평하지 마시고 감사하면서 생활하세요. 또한 가난한 나라 엄마들은 하루 열두 시간 농사일을 하면서도 아이를 기른대요. 그러니 엄마는 집안일 힘들다는 말을 아예 꺼내지도 마세요."

이런 말을 들으면 자녀가 무시를 한다는 생각에 어처구니가 없을 겁니다. 위의 말은 나의 작은 고통(직장 생활, 집안일)이 큰 고통(전쟁, 농사와 육아)에 비해 무의미하다고 일축하는 뜻이기 때문입니다. 물론 전쟁터에서 죽는 남자는 불쌍합니다. 밭에서 열두 시간 일하는 엄마도 안됐죠. 그런데 모든 사람이 동등하듯이 모든 사람의 고통도 동등하게 대우받아야 합니다. 세상 어느 고통도 무시해서는 안 되는 것이죠.

TV 앞에서 부모와 대화를 나눈 아이도 아마 같은 심정이었을 겁니다. 결국 자신이 현재 겪는 어려움과 고통을 무시받는 것 같았겠지요. 게다가 결론이 지긋지긋한 공부로 수렴되니까 더욱 짜증이 났을 겁니다.

그런데 우리만 가난한 해외 아이들의 사례를 교육적으로 활용하는 건 아닙니다. 미국 부모들도 비슷합니다. 흔히들 음식을 남기면 이런 말을 하죠.

"남기지 말고 다 먹어라. 아프리카에 굶주리는 아이들이 있어 Clean your plate. There are children starving in Africa."

이 역시 엉터리 논리죠. 아이가 음식을 먹기 싫은 것과 아프리카에 아이들이 굶주리는 건 서로 무관한 일입니다. 아프리카 아이들이 굶주리는 건 안타깝지만 그 때문에 내가 음식을 억지로 먹을 이유가 하등 없는 겁니다. 제가 어릴 때 부모님께 많이 들었던 말도 맥락이 비슷합니다.

"위를 보지 말고 아래를 봐야 한다. 불쌍한 애들이 얼마나 많은데…."

맞는 말입니다. 남을 부러워 말고 현재 자신의 행복에 감사하면서 살아야 합니다. 그런데 그런 논리에는 '너는 불쌍한 축에도 못 끼니까 징징거리지 마라'라는 면박의 뜻이 숨어 있습니다. 그러나 앞에서도 말씀드렸지만 모든 사람의 고통은 동등합니다. 그러니 자녀의 아픔을 무시하고 감사를 강요해서는 안 될 것입니다.

큰 응원을 선물하되 작은 노력을 요구하세요

부모들은 흔히 아이에게 '꿈을 가지라'고 말합니다. '지금부터 꿈 꾸면 뭐든 이룰 수 있다'고 설득도 합니다. 착한 아이들은 말을 듣죠. 꿈을 하나 정하고 꼭 이루겠다고 다짐도 해요. 그런데 아이들은 머지않아 꿈을 포기합니다. '장래희망'이란 게 어른들이 판 함정이란 걸 알게 됩니다. 지인의 집에서 있었던 웃음 나는 대화를 소개합니다.

"난 의사가 될 거야."
초등학생 딸이 그렇게 말하자 엄마는 기뻤습니다.
"훌륭한 꿈이구나. 그런데 의사가 되려면 수학 성적을 지금보다 많이 올려야 할 거야."

"수학?"

"응. 수학을 잘해야 의대에 갈 수 있어."

딸은 잠시 고민하는가 싶더니 말을 툭 취소했습니다.

"그럼 안 할래. 의사."

"뭐?"

"의사가 되려면 수학 문제집을 많이 풀어야 한다는 말이잖아. 그럼 의사 안 해."

"그럼 뭐 할 건데?"

"꽃집을 하고 싶어. 예쁜 꽃을 좋아하니까."

"꽃집 주인은 돈 못 벌어."

"그래? 그럼 그것도 안 할래."

"그럼 대체 뭘 하겠다는 거야?"

"아무것도 안 할 거야. 난 꿈이 없어."

대부분의 가정에서 부모가 선호하는 꿈이 있습니다. 과학자나 의사나 교사가 되겠다고 하면 부모가 행복해하는 걸 아이도 압니다. 돈을 못 버는 직업을 갖겠다고 하면 부모가 싫어합니다. 가난하게 살게 될 거라고 겁도 주고요. 아이는 결국 마지못해 부모가 추천하는 꿈을 선택합니다. 아이는 직감적으로 자신이 함정에 빠졌다는 걸 압니다. 장래희망이 생겼다는 건 이제부터 놀지 않고 공부만 하겠다는 약속이 되어버리기 때문이죠.

똘똘한 아이들은 꿈이 없는 게 더 편하다는 걸 일찍 알아챕니다. 부모가 물으면 꿈이 없다고 하고 꿈을 버립니다. 그냥 입을 닫는 것이죠. 그래도 어른들은 포기하지 않고 집요하게 밀어붙입니다.

"넌 꿈도 없냐? 꿈이 있어야 행복해져."

달콤한 유혹입니다. 함정을 파는 소리죠. 미끼를 덥석 물어 의사가 꿈이라고 말해버리면 이제 공부하라는 압박이 들어올 거예요. 한마디로 꿈이 뭐냐는 질문은 아이에겐 아주 위험한 덫입니다. 그렇다면 부모는 어떻게 해야 할까요? 첫째, 아이가 돈벌이가 안 되는 직업을 하겠다고 해도 꿈으로 인정해줘야 합니다. 둘째, 꿈을 이루려면 무리한 노력이 필요하다고 말하지 않는 게 좋습니다. 대신 작은 노력이 필요하다고 말해주는 거죠. 이렇게 말입니다.

"엄마. 나는 아이돌이 될 거예요."
"와! 아이돌이 되려면 체력이 정말 중요하겠다. 지금부터 골고루 먹고 운동하자."
"아빠 저는 꽃가게를 하고 싶어요."
"그래? 그럼 꽃에 대해서 많이 알아야겠다. 이번 주말에는 꽃시장에 가 볼까?"

꿈이 없다고 인생이 불행해지는 것은 아닙니다.

아이에게 큰 응원을 선물하고 작은 노력을 요구하는 말들입니다. 부모가 이렇게 반응한다면 아이들로서는 꿈을 갖는 게 부담스럽지 않을 것입니다.

한편 꿈이 없어도 괜찮다고 말해주는 것도 좋습니다. 사실 요즘 꿈이 없다는 아이들이 많은데 청소년 시절에 꿈이 없다고 인생이 불행해지는 것은 아닙니다. 꿈은 대학에 가서도 생길 수 있지요. 서른이 넘어서도 새로운 시작을 꿈꿀 수 있는 게 인생인데요. 사실은 어른이 된 후의 꿈이 진짜 꿈일 겁니다.

"엄마. 난 꿈이 없어요. 뭐가 되어야 할지 모르겠어요."
"우리 딸. 아무 걱정하지 마라. 지금 꿈이 없어도 괜찮아. 시간이 차차 알려줄 거야."

저는 이렇게 말할 수 있는 부모가 이상적이라고 생각합니다.

"네 맘대로 아무 꿈이나 꿔라. 뭐가 돼도 괜찮다."

꿈을 강요당하는 것보다 차라리 꿈이 없는 게 더 낫습니다. 꿈을 꾸거나 안 꾸거나 내버려 두고, 어떤 꿈을 꾸든 마음대로 고르게 자유를 주는 겁니다. 자유가 책임을 낳는다고 하잖아요. 꿈꾸기의 자유를 얻은 아이들이 신명나게 꿈을 꾸고 살아갈 것입니다.

자녀의 마음을 가볍게 하는 법

1 ― 100%는 필요 없다고 말하기

특히 아이가 어릴 때 100% 노력을 요구하는 건 좋지 않아요. 모든 것을 쏟아서 최선을 다하라고 말하면서 밀어붙이면 아이가 불행해집니다. "100% 말고 90% 정도만 노력하고 10%는 남겨도 된다"라고 말한다면 최고의 부모입니다.

2 ― 먼저 잘 사는 부모 되기

'너만 믿고 산다'고 아이에게 말하지 않습니다. 부모 자신의 행복을 잊은 채 아이의 행복만을 노심초사 바라는 것도 문제입니다. 아이를 자주 잊어버리고 무책임하게 잘 지내는 '부모가 더 좋은 부모입니다.

3 ― 불행에 크기를 재지 않기

TV에 나오는 불우 이웃들을 보며 자녀에게 현실에 감사하라고 강요하지 않습니다. 물론 감사해야 하지만 그런 말들이 때로는 아이의 마음을 무겁게 만듭니다. 아이가 겪는 불행이 사소하다고 무시하는 말이 될 수도 있기 때문입니다.

4 ― 꿈을 강요하지 않기

부모들은 자녀가 돈 잘 벌고 안정적인 직업을 갖길 원합니다. 그래서 어릴 때부터 근사한 장래희망을 가지라고 권하게 되죠. 그러나 보통 그런 얘기들은 공부를 열심히 하라는 것으로 귀결되기 때문에 대부분의 아이는 마음이 무거워집니다.

왜 아이에게
그런 말을 했을까

초판 1쇄 발행 2019년 6월 27일
초판 18쇄 발행 2022년 7월 28일

지은이 정재영
펴낸이 권미경
마케팅 심지훈, 강소연, 김철
디자인 어나더페이퍼
펴낸곳 ㈜웨일북
출판등록 2015년 10월 12일 제2015-000316호
주소 서울시 서초구 강남대로95길 9-10, 웨일빌딩 201호
전화 02-322-7187 **팩스** 02-337-8187
메일 sea@whalebook.co.kr **페이스북** facebook.com/whalebooks

소중한 원고를 보내주세요.
좋은 저자에게서 좋은 책이 나온다는 믿음으로, 항상 진심을 다해 구하겠습니다.